Humboldt | Auf dem Weg zum ökologischen Denken

[Was bedeutet das alles?]

Alexander von Humboldt

Auf dem Weg zum ökologischen Denken

Drei Texte

Herausgegeben von Ottmar Ette

Reclam

RECLAMS UNIVERSAL-BIBLIOTHEK Nr. 14357
2023 Philipp Reclam jun. Verlag GmbH,
Siemensstraße 32, 71254 Ditzingen
Gestaltung: Cornelia Feyll, Friedrich Forssman
Druck und Bindung: Esser printSolutions GmbH,
Untere Sonnenstraße 5, 84030 Ergolding
Printed in Germany 2023
RECLAM, UNIVERSAL-BIBLIOTHEK und
RECLAMS UNIVERSAL-BIBLIOTHEK sind eingetragene Marken
der Philipp Reclam jun. GmbH & Co. KG, Stuttgart
ISBN 978-3-15-014357-5

Auch als E-Book erhältlich

www.reclam.de

Inhalt

Reise in die Äquinoktial-Gegenden des Neuen Kontinents.

Der See von Valencia

Die Täler von Aragua[1], deren reichen Anbau und bewundernswerte Fruchtbarkeit wir soeben geschildert, stellen sich als ein Becken dar, das zwischen Granit- und Kalkgebirgen von ungleicher Höhe liegt. Im Norden trennt die Sierra Mariara sie von der Meeresküste, gegen Süden dient ihnen die Bergkette des Guacimo und Yusma als Schutzwehr gegen die glühende Luft der Steppe. Hügelzüge, hoch genug, um den Lauf der Gewässer zu bestimmen, schließen das Becken gegen Ost und West wie Querdämme. Diese Hügel liegen zwischen dem Tuy und La Victoria, auf dem Wege von Valencia nach Nirgua und in den Bergen von Torito. Aufgrund dieser eigentümlichen Gestaltung des Bodens bilden die Gewässer der Täler von Aragua ein System für sich[2] und laufen einem von allen Seiten geschlossenen Becken zu; sie ergießen sich nicht in den Ozean, sondern vereinigen sich zu einem Binnensee, unterliegen hier dem mächtigen Zuge der Verdunstung und verlieren sich gleichsam in der Luft. Von diesen Flüssen und Seen hängt die Fruchtbarkeit des Bodens und der Ertrag des Landbaus in diesen Tälern ab[3]. Schon der Augenschein und eine halbhundertjährige Erfahrung zeigen, dass der Wasserstand nicht gleichbleibend ist, sondern vielmehr das Gleichgewicht zwischen der Summe der Verdunstung und der des Zuflusses gestört ist. Da der See 1000 Fuß[4] über den benachbarten Steppen von Calabozo und 1332 Fuß über dem Meere liegt, so vermutete man, das Wasser habe einen unterirdischen Abfluss oder versickere. Da nun Inseln sich aus dem Wasser erheben und der Wasserspiegel fortwährend sinkt, so meinte man, der See könnte völlig austrocknen. Das Zusammentreffen so auffallender Naturverhältnisse musste mich auf diese Täler aufmerksam machen[5], in denen die wilde Schönheit der Natur[6] und der liebliche Eindruck fleißigen Anbaus und der Künste einer erwachenden Zivilisation sich vereinigen.

Der See von Valencia, von den Indianern *Tacarogia*[7] genannt, ist größer als der Neuenburger See in der Schweiz[8]; im Umriss aber hat er Ähnlichkeit mit dem Genfer See, der auch fast ebenso hoch über dem Meere liegt. Da in den Tälern von Aragua der Boden nach Süd und West abfällt, so liegt der Teil des Beckens, der unter Wasser geblieben ist, nahe der südlichen Bergkette von Güigüe, Yusma und dem Guacimo, die den hohen Savannen von Ocumare zuläuft. Die einander gegenüberliegenden Ufer des Sees stechen auffallend voneinander ab. Das südliche ist Wüste, kahl, fast unbewohnt, und eine hohe Gebirgswand gibt ihm ein finsteres, einförmiges Aussehen; das nördliche dagegen ist eine liebliche Landschaft mit reichen Zuckerrohr-, Kaffee- und Baumwollpflanzungen. Mit Cestrum, Azedarac und anderen immerblühenden Sträuchern eingefasste Wege laufen über die Ebene und verbinden die zerstreuten Höfe. Jedes Haus ist von Bäumen umgeben. Die Ceiba mit großen gelben* und die Erithryna mit purpurfarbenen Blüten, deren Äste sich verflechten, geben der Landschaft einen eigentümlichen Charakter. Die Mannigfaltigkeit und der Glanz der vegetabilischen[9] Farben sticht wirkungsvoll vom

* *Carnes tollendas*; Bombax *hibiscifolius*.

durchgängigen Blau des wolkenlosen Himmels ab. In der trockenen Jahreszeit, wenn ein wallender Dunst über dem glühenden Boden schwebt, wird das Grün und die Fruchtbarkeit durch künstliche Bewässerung unterhalten. Hin und wieder kommt der Granit auf den Feldern zu Tage; ungeheure Felsmassen steigen mitten im Tale steil empor. An ihren nackten, zerklüfteten Wänden wachsen einige Saftpflanzen und bereiten den Mutterboden für kommende Jahrhunderte. Häufig ist oben auf diesen einzeln stehenden Hügeln ein Feigenbaum oder eine Clusia mit fleischigen Blättern aus den Felsritzen emporgewachsen und beherrscht die Landschaft. Mit ihren dürren, abgestorbenen Ästen sehen sie aus wie Signalstangen[10] an einer steilen Küste. An der Gestaltung dieser Höhen errät man, was sie früher waren: Als noch das ganze Tal unter Wasser stand und die Wellen den Fuß der Gipfel von *Mariara*, die *Teufelsmauer* (*el Rincón del Diablo*) und die Küstenbergkette bespülten, waren diese Felshügel Untiefen oder Eilande.

Diese Züge eines reichen Gemäldes, dieser Kontrast zwischen den beiden Ufern des Sees von Valencia erinnerten mich oft an das Seegestade des Waadtlands, »wo der überall angebaute, überall fruchtbare Boden dem Ackerbauer, dem Hirten, dem Winzer ihre Mühen sicher lohnt«, während das savoyische Ufer gegenüber ein gebirgiges, halb wüstes Land ist. In jenen fernen Himmelsstrichen, mitten unter den Gebilden einer exotischen Natur, gedachte ich gerne der hinreißenden Beschreibungen, zu denen der Genfer See und die Felsen von Meillerie einen großen Schriftsteller inspiriert haben. Wenn ich jetzt mitten im zivilisierten Europa die Natur in der Neuen Welt zu schildern versuche, glaube ich nicht, durch den Vergleich unserer heimischen mit den tropischen Landschaften meinen Bildern mehr Schärfe und dem Leser deutlichere Vorstellungen zu geben. Man kann es nicht oft genug sagen: Unter jedem Himmelsstriche besitzt die Natur, sei sie wild oder vom Menschen gezähmt, lieblich oder großartig, ihren eigenen Charakter. Die Eindrücke, die sie in uns erzeugt, sind unendlich mannigfaltig wie die Empfindungen, welche die Werke des Geistes je nach dem Zeitalter, das sie hervorgebracht, und nach den mancherlei Sprachen, von denen sie einen Teil ihres Reizes borgen, in uns hervorrufen. Nur Größe und äußere Formverhältnisse können eigentlich miteinander verglichen werden; man kann den riesigen Gipfel des Montblanc und das Himalayagebirge, die Wasserfälle der Pyrenäen und die der Kordilleren nebeneinanderstellen; aber durch solche vergleichende Schilderungen, so sehr sie wissenschaftlich von Nutzen sein mögen, erfährt man wenig vom Naturcharakter der gemäßigten und der heißen Zonen[11]. Am Gestade eines Sees, in einem großen Walde, am Fuß dieser von ewigem Eis bedeckten Berggipfel ist es nicht die materielle Größe, die uns mit dem heimlichen Gefühle der Bewunderung erfüllt. Was zu unserer Seele spricht, was so tiefe und mannigfache Empfindungen in uns wachruft, entzieht sich unseren Messungen, wie auch den Formen der Sprache. Wenn man Naturschönheiten recht lebhaft empfindet, so mag man Landschaften von verschiedenem Charakter gar nicht vergleichen; man würde fürchten, sich selbst im Genuss zu stören.

Die Ufer des Sees von Valencia sind aber nicht allein wegen ihrer malerischen Reize im Lande berühmt; das Becken bietet verschiedene Erscheinungen, deren Aufklärung für die Naturforschung und für den Wohlstand der Bevölkerung von gleich großem Interesse ist. Aus welchen Ursachen sinkt der Seespiegel?[12] Sinkt er gegenwärtig rascher als vor Jahrhunderten? Lässt sich annehmen, dass das Gleichgewicht zwischen Zufluss und Abfluss sich über kurz oder lang wiederherstellt, oder ist zu befürchten, dass der See ganz verschwindet?

Nach den astronomischen Beobachtungen in La Victoria, Hacienda de Cura, Nueva Valencia und Güigüe ist der See gegenwärtig von Cagua bis Guayos 10 Meilen oder 28 800 Toisen lang. Seine Breite ist sehr ungleich; nach den Breiten an der Einmündung des Rio Cura und beim Dorfe Güigüe zu urteilen, beträgt sie nirgends über 2–3 Meilen oder 6500 Toisen, meist nur 4–5000. Die Maße, die sich aus meinen Beobachtungen ergeben[13], sind weit geringer als die bisherigen Annahmen der Eingeborenen.* Man könnte meinen, um den Grad der Wasserabnahme genau kennenzulernen, brauche man nur die gegenwärtige Größe des Sees mit der zu vergleichen, welche alte Chronisten, z.B. Oviedo in seiner ums Jahr 1723 veröffentlichten *Geschichte der Provinz Venezuela*, angeben. Dieser Geschichtsschreiber lässt in seinem pompösen Stil »dieses Binnenmeer, diesen *monstruoso cuerpo de la laguna de Valencia*«, 14 Meilen lang und 6 breit sein; er berichtet, in geringer Entfernung vom Ufer finde das Senkblei keinen Grund mehr, und große schwimmende Inseln bedeckten die Seefläche, die fortwährend von den Winden aufgerührt werden.** Unmöglich kann man auf Schätzungen vertrauen, die auf keinerlei Messung beruhen und dazu in *leguas*[14] ausge-

* Depons, *Voyage à la Terre-Ferme*, Tl. 1, S. 138.

** *Oviedo*, S. 125.

drückt sind, auf die man in den Kolonien 3000, 5000 und 6550 *Varas*[15] rechnet. Nur das verdient im Buch eines Mannes, der so oft durch die Täler von Aragua gekommen sein muss, Beachtung, dass er behauptet, die Stadt *Nueva Valencia de el Rey* sei im Jahre 1555 eine halbe Meile vom See entfernt erbaut worden, und dass sich die Länge des Sees zur Breite verhalte wie 7 zu 3. Gegenwärtig liegt zwischen dem See und der Stadt ein ebener Landstrich von mehr als 2700 Toisen, den Oviedo sicher zu anderthalb Meilen angeschlagen hätte, und die Länge des Seebeckens verhält sich zur Breite wie 10 zu 2,3 oder wie 7 zu 1,6. Schon das Aussehen des Bodens zwischen Valencia und Güigüe, die Hügel, die in der Ebene östlich vom Caño de Cambury steil aufsteigen und teilweise (el Islote und la Isla de la Negra oder Caratapona) sogar noch jetzt *Inseln* heißen, beweisen zur Genüge, dass seit Oviedos Zeit das Wasser bedeutend zurückgewichen ist. Was die Veränderung des Seeumrisses betrifft, so scheint es mir nicht sehr wahrscheinlich, dass im siebzehnten Jahrhundert seine Breite die halbe Länge betragen haben könnte. Die Lage der Granitberge von Mariara und Güigüe und die Neigung des Bodens, der gegen Nord und Süd rascher ansteigt als gegen Ost und West, sprechen gleichermaßen gegen diese Annahme.

Wenn das so vielfach besprochene Problem von der Abnahme des Wassers zur Sprache kommt, so hat man, denke ich, nach den verschiedenen Epochen zu unterscheiden, in welchen das Sinken des Wasserspiegels stattgefunden hat. Wenn man die Flusstäler und die Seebecken genau betrachtet, so findet man überall das alte Ufer in bedeutender Entfernung. Niemand leugnet wohl jetzt mehr, dass unsere Flüsse und Seen in sehr bedeutendem Maße abgenommen haben; aber zahlreiche geologische Tatsachen weisen auch darauf hin, dass dieser große Wechsel in der Verteilung der Gewässer vor aller Geschichte[16] eingetreten ist, und dass sich seit mehreren Jahrtausenden bei den meisten Seen ein festes Gleichgewicht zwischen dem Betrag der Zuflüsse einerseits und der Verdunstung und Versickerung andererseits hergestellt hat[17]. Sooft man dieses Gleichgewicht gestört findet, tut man gut daran, zu untersuchen, ob solches nicht von rein örtlichen Ursachen und aus jüngster Zeit herrührt, ehe man eine beständige Abnahme des Wassers annimmt. Ein solcher Gedankengang entspricht dem vorsichtigeren Verfahren der modernen Wissenschaften. Zu einer Zeit, wo die physische Weltbeschreibung das freie Geisteserzeugnis einiger beredter Schriftsteller war und nur durch Phantasiebilder wirkte, hätte man in der Erscheinung, um die es uns hier zu tun ist, einen neuen Beweis für den Kontrast zwischen beiden Kontinenten[18] gesehen, den man in allem gerne erkennen mochte. Um darzutun, dass Amerika später als Asien und Europa aus dem Wasser emporgestiegen, hätte man wohl auch den See von Tacarigua angeführt als eines der Becken im Landesinneren, die noch nicht Zeit gehabt, durch langsam fortschreitende Verdunstung auszutrocknen. Ich zweifle nicht daran, dass in sehr alter Zeit das ganze Tal vom Fuß des Gebirges Cocuyza bis zu den Bergen von Torito und Nirgua, von der Sierra de Mariara bis zu der Bergkette von Güigüe, Guacimo und Palma, unter Wasser stand. Überall lässt die Gestalt der Vorberge und ihr steiler Abfall das alte Ufer eines Alpsees, ähnlich denen der Steiermark und in Tirol, erkennen. Kleine Helix- und Valvaarten, die mit den jetzt im See lebenden identisch sind, kommen in 3 bis 4 Fuß dicken Schichten tief im Lande bis Turmero und Concesión bei La Victoria vor. Diese Tatsachen belegen zweifelsohne einen Rückzug des Wassers; aber nirgends liegt ein Beweis dafür vor, dass es seit jener weit entlegenen Zeit weiterhin abgenommen habe. Die Täler von Aragua gehören zu den am frühesten bevölkerten Gebieten in Venezuela, und doch spricht weder Oviedo noch irgendein anderer alter Chronist von einer merklichen Abnahme des Sees. Soll man einfach annehmen, die Erscheinung sei zu einer Zeit, wo die indianische Bevölkerung die weiße noch weit überwog und das Seeufer schwächer bewohnt war, eben nicht bemerkt worden?[19] Seit einem halben Jahrhundert, besonders aber seit dreißig Jahren fällt es jedermann in die Augen, dass dieses große Wasserbecken von selbst austrocknet[20]. Weite Strecken Landes, die früher unter Wasser standen, liegen jetzt trocken und sind bereits mit Bananen, Zuckerrohr und Baumwolle bepflanzt. Wo man am Gestade des Sees eine Hütte baut, sieht man das Ufer von Jahr zu Jahr gleichsam fliehen. Man sieht Inseln, die beim Sinken des Wasserspiegels eben erst mit dem Festlande zu verschmelzen beginnen (wie die Felseninsel Culebra, Güigüe zu); andere Inseln bilden bereits Vorgebirge (wie der Morro, zwischen Güigüe und Nueva Valencia, und La Cabrera südöstlich von Mariara); noch andere stehen tief im Lande in Gestalt zerstreuter Hügel. Diese, die man schon von weitem leicht erkennt, liegen eine Viertelseemeile bis eine *Lieue* vom jetzigen Ufer entfernt. Die merkwürdigsten sind drei 30–40 Toisen hohe Eilande aus Granit auf dem Wege von der Hacienda de Cura nach Aguas calientes, und am Westende des Sees der Serrito de Don Pedro, der Islote und der Caratapona. Wir besuchten zwei noch ganz von Wasser umgebene Inseln und fanden unter dem

Gesträuch auf kleinen Ebenen, 4–6, sogar 8 Toisen über dem jetzigen Seespiegel, feinen Sand mit Heliciten, den einst die Wellen hier abgesetzt. Auf allen diesen Inseln begegnet man den unzweideutigsten Spuren vom allmählichen Absinken des Wassers. Noch mehr, und diese Erscheinung wird von der Bevölkerung als ein Wunder angesehen: 1796 erschienen drei neue Inseln östlich der Insel Caiguire, in derselben Richtung wie die Inseln Burro, Otama und Zorro. Diese neuen Inseln, die beim Volk *los nuevos Peñones* oder *las Aparecidas* heißen, bilden eine Art Untiefe mit völlig ebener Oberfläche. Sie waren im Jahre 1800 bereits über einen Fuß höher als der mittlere Wasserstand.

Wie wir zu Anfang dieses Abschnitts bemerkt, bildet der See von Valencia, gleich den Seen im Tale von Mexico, den Mittelpunkt eines kleinen Systems von Flüssen[21], von denen keiner mit dem Meere in Verbindung steht. Die meisten dieser Gewässer können nur Bäche heißen; es sind ihrer zwölf bis vierzehn. Die Einwohner wissen wenig davon, was die Verdunstung leistet, und glauben daher schon lange, der See habe einen unterirdischen Abfluss, durch den ebenso viel abfließe, wie die Bäche hereinbringen. Die einen lassen diesen Abfluss mit Höhlen, die in großer Tiefe liegen sollen, in Verbindung stehen; andere nehmen an, das Wasser fließe durch einen schiefen Kanal ins Meer. Dergleichen kühne Hypothesen über den Zusammenhang zwischen zwei benachbarten Wasserbecken hat die Einbildungskraft des Volkes, wie die der Physiker, in allen Erdstrichen ausgeheckt; denn Letztere, wenn sie es sich auch nicht eingestehen, setzen nicht selten die Volksmeinungen nur in die Sprache der Wissenschaft um. In der Neuen Welt wie am Ufer des Kaspischen Meeres hört man von unterirdischen Schlünden und Verbindungen sprechen, obgleich der See von Tacarigua 222 Toisen über und das Kaspische Meer 54 Toisen unter dem Meeresspiegel liegt, und so gut man auch weiß, dass Flüssigkeiten, die seitlich miteinander in Verbindung stehen, sich in dasselbe Niveau setzen.

Einerseits die Verringerung der Masse der Zuflüsse, die seit einem halben Jahrhundert infolge der Zerstörung der Wälder[22], der Urbarmachung der Ebenen und des Indigoanbaus[23] eingetreten ist, andererseits die Verdunstung des Bodens und die Trockenheit der Luft erscheinen als Ursachen, welche die Abnahme des Sees von Valencia zur Genüge erklären. Ich teile nicht die Ansicht eines Reisenden, der nach mir diese Länder besucht hat*, der zufolge man »zur Befriedigung der Vernunft und zu Ehren der Physik« einen unterirdischen Abfluss soll annehmen müssen. Fällt man die Bäume, welche Gipfel und Abhänge der Gebirge bedecken, so schafft man in allen Klimazonen kommenden Geschlechtern ein zwiefaches Ungemach: Mangel an Brennholz und Wasser. Die Bäume sind vermöge des Wesens ihrer Transpiration und der Ausstrahlung ihrer Blätter gegen einen wolkenlosen Himmel fortwährend mit einer kühlen, dunstigen Lufthülle umgeben; sie üben einen wesentlichen Einfluss auf die Fülle der Quellen aus, nicht weil sie, wie man so lange geglaubt hat, die in der Luft verbreite-

* Depons (*Voyage à la Terre-Ferme*, Tl. 1, S. 139) bemerkt hierzu: »Bei der unbedeutenden Oberfläche des Sees (er misst immerhin 106 500 000 Quadrattoisen) lässt sich unmöglich annehmen, dass die Verdunstung allein, so stark sie auch unter den Tropen sein mag, so viel Wasser wegschaffen kann, wie die Flüsse hereinbringen.« In der Folge scheint aber der Verfasser selbst wieder »diese geheime Ursache, die Hypothese eines Abzugslochs«, aufzugeben.

ten Wasserdünste anziehen, sondern weil sie den Boden vor der unmittelbaren Wirkung der Sonnenstrahlen schützen und damit die Verdunstung des Regenwassers verringern. Zerstört man die Wälder, wie die europäischen Ansiedler aller Orten in Amerika mit unvorsichtiger Hast tun, so versiegen die Quellen oder nehmen doch stark ab. Die Flussbetten liegen einen Teil des Jahres über trocken und werden zu reißenden Strömen, sooft im Gebirge starker Regen fällt. Da mit dem Holzwuchs auch Rasen und Moos auf den Bergkuppen verschwinden, wird das Regenwasser in seinem Ablauf nicht mehr aufgehalten; statt langsam durch allmähliches Einsickern die Bäche zu speisen, zerfurcht es in der Jahreszeit der starken Regenniederschläge die Berghänge, schwemmt das losgerissene Erdreich fort und verursacht plötzliche Hochwässer, welche nun die Felder verwüsten[24]. Daraus geht hervor, dass die Zerstörung der Wälder, der Mangel an fortwährend fließenden Quellen und die Existenz von Torrenten drei Erscheinungen sind, die in ursächlichem Zusammenhang stehen. Länder in entgegengesetzten Hemisphären, die Lombardei am Fuße der Alpenkette und Nieder-Peru zwischen dem Stillen Meer und den Kordilleren der Anden, liefern einleuchtende Beweise für die Richtigkeit dieses Satzes.*

Bis zur Mitte des vorigen Jahrhunderts waren die Berge, in denen die Täler von Aragua liegen, bewaldet. Große Bäume aus der Familie der Mimosen, Ceiba- und Feigenbäume beschatteten die Ufer des Sees und brachten Kühlung. Die damals nur sehr dünn bevölkerte Ebene war voll Strauch-

* Siehe meinen *Essai politique sur la Nouv.-Espagne*, Tl. 1, S. 208, sowie die *Recherches de M. de Prony sur les crues du Pô*.

werk, bedeckt von umgestürzten Baumstämmen und Schmarotzergewächsen, mit dichtem Rasenfilz überzogen, und gab somit die strahlende Wärme nicht so leicht ab wie der beackerte und eben deshalb vor der Sonnenglut nicht geschützte Boden. Mit der Vernichtung der Bäume, mit der Ausdehnung des Zuckerrohr-, Indigo- und Baumwollanbaus nahmen die Quellen und alle natürlichen Zuflüsse des Sees von Jahr zu Jahr ab. Man macht sich nur schwer einen Begriff davon, welch ungeheure Wassermassen durch die Verdunstung in der heißen Zone aufgesogen werden, und vollends in einem Tale, das von steil abfallenden Bergen umgeben ist, wo gegen Abend der Seewind und die niedergehenden Luftströmungen auftreten, und dessen Boden ganz flach, wie vom Wasser geebnet ist. [...]

Seit der Ausbreitung des Ackerbaus in den Tälern von Aragua kommen die Flüsschen, die sich in den See von Valencia ergießen, in den sechs Monaten nach Dezember als Zuflüsse nicht mehr in Betracht. Im unteren Bereich ihres Laufs sind sie ausgetrocknet, weil die Indigo-, Zuckerrohr- und Kaffeepflanzer sie an vielen Punkten ableiten, um die Felder zu bewässern[25] (*azequías*). Noch mehr: Ein ziemlich ansehnlicher Fluss, der Rio Pao, der am Rande der Llanos, am Fuß des *La Galera* genannten Hügelzugs entspringt, ergoss sich früher in den See, nachdem er auf dem Wege von Nueva Valencia nach Güigüe den *Caño de Cambury* aufgenommen. Der Fluss lief damals von Süd nach Nord. Am Ende des siebzehnten Jahrhunderts kam der Besitzer einer anliegenden Pflanzung auf den Gedanken, dem Rio Pao am Abhang eines Geländes ein neues Bett zu graben. Er leitete den Fluss ab, nutzte ihn teilweise zur Bewässerung seines Grundstücks und ließ ihn dann gegen Süd, dem Abhang der Llanos nach, selbst seinen Weg suchen. Auf diesem neuen Lauf nach Süden nimmt der Rio Pao nun drei andere Bäche auf, den Tinaco, den Guanarito und den Chilua, und ergießt sich in den Portuguesa, einen Nebenfluss des Rio Apure. Es ist eine nicht uninteressante Erscheinung, dass infolge der besonderen Gestaltung des Terrains und der Absenkung der *Wasserscheide* nach Südwesten der Rio Pao sich vom kleinen *inneren Flusssystem*, dem er ursprünglich angehörte, trennte und nun seit hundert Jahren über den Apure und den Orinoco mit dem Meere in Verbindung steht. Was hier im Kleinen durch Menschenhand geschah, tut die Natur häufig selbst entweder durch allmähliche Anschwemmung oder durch die Zerrüttung des Bodens infolge starker Erdbeben. Wahrscheinlich werden im Laufe der Jahrhunderte manche Flüsse im Sudan und in Neu-Holland, die jetzt im Sande versiegen oder in Binnenseen laufen, sich einen Weg zur Meeresküste bahnen. So viel ist wenigstens sicher, dass es auf beiden Kontinenten innere Flusssysteme gibt, die man als *noch nicht ganz entwickelte** betrachten kann, und die entweder nur bei Hochwasser oder beständig über Bifurkationen[26] untereinander zusammenhängen.

Der Rio Pao hat sich ein so tiefes und breites Bett gegraben, dass, wenn in der Regenzeit der *Caño grande del Cambury* das ganze Land nordwestlich von Güigüe überschwemmt, das Wasser dieses Caño und das des Sees von Valencia in den Rio Pao selbst zurücklaufen, so dass dieses Flüsschen, statt dem See Wasser zuzuführen, ihm vielmehr welches abzapft. Wir sehen etwas Ähnliches in Nordameri-

* Carl Ritter, *Erdkunde*, Tl. 1, S. 315.

ka, da wo die Geographen auf ihren Karten zwischen den großen kanadischen Seen und dem Lande der Miamis gerne eine imaginäre Bergkette angeben. Bei Hochwasser stehen die Flüsse, die sich in die Seen ergießen, mit den Nebenflüssen des Mississippi in Verbindung, und man fährt im Kanu von den Quellen des Flusses St. Maria in den Wabash, wie aus dem Chicago in den Illinois.* Diese analogen Fälle scheinen mir von Seiten der Hydrographen alle Aufmerksamkeit zu verdienen.

Da der Boden rings um den See von Valencia gänzlich flach und eben ist, so wird, wie ich es auch bei den mexikanischen Seen tagtäglich beobachten konnte[27], wenn der Wasserspiegel nur um wenige Zoll fällt, eine große, mit fruchtbarem Schlamm und organischen Resten bedeckte Fläche trockengelegt. In dem Maße, wie der See sich zurückzieht, rückt der Landbau gegen das neue Ufer vor. Diese von der Natur bewerkstelligte, für die koloniale Landwirtschaft sehr wichtige Austrocknung war in den letzten zehn Jahren, in denen ganz Amerika unter großer Trockenheit litt, ungewöhnlich stark. Ich riet den reichen Grundeigentümern im Land, anstelle einer Markierung der jeweiligen Krümmungen des Seeufers im Wasser selbst Granitsäulen aufzustellen, an denen man von Jahr zu Jahr den mittleren Wasserstand beobachten könnte. Der Marqués del Toro[28] will die Sache ausführen und auf Gneisgrund, der im See häufig vorkommt, aus dem schönen Granit der Sierra de Mariara *Limnometer* aufzustellen.

Unmöglich lässt sich im Voraus bestimmen, in welchem Maße dieses Wasserbecken zusammengeschrumpft sein

* Drake, *Picture of Cincinnati*, 1815, S. 222.

wird, wenn einmal das Gleichgewicht zwischen dem Zufluss einerseits und der Verdunstung und Versickerung andererseits völlig hergestellt ist. Die sehr verbreitete Meinung, der See werde ganz verschwinden, scheint mir durchaus unbegründet. Wenn infolge starker Erdbeben oder aus andern ebenso geheimnisvollen Ursachen zehn nasse Jahre auf eine lange Trockenheit folgten, wenn sich die Berge wieder mit Wald bedeckten, wenn große Bäume das Seeufer und die Täler von Aragua beschatteten, so würde im Gegenteil das Wasser steigen und den schönen Pflanzungen, die gegenwärtig das Seebecken säumen, gefährlich werden.

Während in den Tälern von Aragua die einen Pflanzer befürchten, der See möchte ganz austrocknen, die andern, er möchte wieder zum verlassenen Gestade heraufkommen, hört man in Caracas allen Ernstes die Frage erörtern, ob man nicht, um mehr Boden für den Landbau zu gewinnen, aus dem See einen Kanal zum Rio Pao graben und ihn in die Llanos ableiten sollte. Es ist nicht zu leugnen, dass solches möglich wäre, namentlich wenn man Kanäle unter dem Boden oder Stollen anlegte. Dem allmählichen Rückzug des Wassers verdankt das herrliche, reiche Land von Maracay, Cura, Mocundo, Güigüe und Santa del Escoval mit seinen Tabak-, Zuckerrohr-, Kaffee- und Kakaopflanzungen seine Entstehung; wie kann man aber nur einen Augenblick bezweifeln, dass nur der See das Land so fruchtbar macht? Ohne die ungeheure Dunstmasse, welche Tag für Tag von der Wasserfläche in die Luft aufsteigt, wären die Täler von Aragua so trocken und dürr wie die Berge umher. [...]

Der See von Valencia ist sehr reich an Inseln, welche durch die malerische Form der Felsen und den Pflanzenwuchs, der sie bedeckt, den Reiz der Landschaft erhöhen.[29]

Dies zeichnet den tropischen See gegenüber den Alpenseen aus. Den Morro und La Cabrera ausgenommen, die bereits dem Ufer angehören, sind es fünfzehn Inseln, die in drei Gruppen zerfallen. Sie sind teilweise kultiviert und infolge der Wasserdünste, die aus dem See aufsteigen, sehr fruchtbar. Die größte, 2000 Toisen lange Insel, der Burro, wird sogar von einigen Mestizenfamilien[30] bewohnt, die Ziegen halten. Diese einfachen Menschen kommen selten an das Ufer bei Mocundo. Der See dünkt ihnen unermesslich groß; sie haben Bananen, Maniok, Milch und etwas Fische. Eine Rohrhütte, ein paar Hängematten aus Baumwolle, die nebenan wächst, ein großer Stein, um Feuer darauf zu machen, die holzige Frucht des Tutuma zum Wasserschöpfen, das ist ihr ganzer Hausrat. Der alte Mestize, der uns Ziegenmilch anbot, hatte eine sehr hübsche Tochter. Unser Führer erzählte uns, das einsame Leben habe den Mann so argwöhnisch gemacht, wie er vielleicht im Verkehr mit Menschen geworden wäre. Tags zuvor waren Jäger auf der Insel gewesen; die Nacht überraschte sie und sie wollten lieber unter freiem Himmel schlafen, als nach Mocundo zurückfahren. Darüber entstand große Unruhe auf der Insel. Der Vater zwang die Tochter, auf eine sehr hohe Akazie zu steigen, die in der Ebene unweit der Hütte steht. Er selbst legte sich unter den Baum und ließ die Tochter nicht eher herunter, als bis die Jäger abgezogen waren. Nicht bei allen Inselbewohnern findet der Reisende solch argwöhnische Vorsicht, solch gewaltige Sittenstrenge.

Der See ist im Allgemeinen sehr fischreich[31]; es kommen aber nur drei Arten mit weichlichem, nicht sehr schmackhaftem Fleisch darin vor, die *Guiavina*, der *Vagre* und die *Sardina*. Die beiden Letzteren kommen aus den Bächen in den See. Die Guavina, die ich an Ort und Stelle gezeichnet habe, ist 20 Zoll lang, 3½ Zoll breit. Es ist vielleicht eine neue Art der Gattung Erythrina des Gronovius. Sie hat große, silberglänzende, grün geränderte Schuppen; sie ist sehr gefräßig und lässt andere Arten nicht aufkommen. Die Fischer versicherten uns, ein kleines Krokodil, der *Bava*, der uns beim Baden oft nahe kam, helfe auch die Fische ausrotten. Wir konnten dieses Reptils nie habhaft werden, um es näher zu untersuchen. Es wird meist nur 3–4 Fuß lang und gilt als unschädlich, aber in der Lebensweise wie in der Gestalt kommt es dem Kaiman oder Crocodilus acutus nahe. Beim Schwimmen sieht man von ihm nur die Spitze der Schnauze und das Schwanzende. Bei Tage liegt es an trockenen Stränden. Es ist sicher weder ein Monitor (die eigentlichen Monitors gehören nur dem alten Kontinent an), noch Sebas *Sauvegarde* (Lacerta Teguixin), die nur taucht und nicht schwimmt.* Reisende mögen nach uns darüber entscheiden, ich weise nur noch auf die auffällige Erscheinung hin, dass es im See von Valencia und im ganzen kleinen dazugehörigen Flussgebiet keine großen Kaimane gibt, während dieses gefährliche Tier wenige Meilen weiter in den Gewässern, die in den Apure und Orinoco oder zwischen Puerto Cabello und La Guaira direkt ins Antillische Meer münden, sehr verbreitet ist. […]

Hinsichtlich ihrer Höhe ist die Insel Chamberg bemerkenswert. Es handelt sich um einen 200 Fuß hohen Gneisfelsen mit zwei sattelförmig verbundenen Gipfeln. Der Abhang des Felsens ist kahl, kaum dass ein paar Clusiastämme mit großen weißen Blüten darauf wachsen, aber die Aus-

* Cuvier, *Règne animal*, 1817, t. II, S. 26 f.

sicht über den See und die üppigen Fluren der nahegelegenen Täler ist herrlich, zumal wenn nach Sonnenuntergang Tausende von Wasservögeln, Reiher, Flamingos und Wildenten über den See ziehen, um auf den Inseln zu schlafen, und der weite Gebirgsgürtel am Horizont in Flammen steht. Wie schon erwähnt, brennt das Landvolk die Weiden ab, um ein frischeres, feineres Gras als Nachwuchs zu bekommen. Besonders auf den Gipfeln der Bergkette wächst viel Gras, und diese gewaltigen Feuer, die manchmal über tausend Toisen sich erstrecken, nehmen sich aus, als ob Lavaströme aus dem Bergkamm hervorquellen würden. Wenn man so an einem herrlichen tropischen Abend am Seeufer ausruht und der angenehmen Kühle genießt, betrachtet man mit Lust in den Wellen, die an das Gestade[32] schlagen, das Bild der roten Feuer rings am Horizont.

Unter den Pflanzen, die auf den Felseninseln im See von Valencia wachsen, kommen, wie man glaubt, mehrere nur hier vor[33], hat man sie doch sonst nirgends gefunden. Hierzu gehören die See-Melonenbäume (*Papaya de la laguna*) und die Liebesäpfel[*] der Insel Cura. Letztere sind von unserem Solanum Lycopersicum verschieden; ihre Frucht ist rund, klein, aber sehr schmackhaft; man baut sie jetzt in La Victoria, Nueva Valencia und überall in den Tälern von Aragua an. Auch die *Papaya de la laguna* ist auf der Insel Cura und auf Cabo Blanco sehr verbreitet. Ihr Stamm ist schlanker als beim gemeinen Melonenbaum (Carica Papaya), aber

* Man pflegt diese Tomatenart wie auch die *Papayas* im botanischen Garten zu Berlin, wohin ich einige Samen geschickt hatte. Willdenow hat dieses Nachtschattengewächs dargestellt und unter dem Namen Solanum Humboldtii beschrieben, im *Hortus Berol.*, S. 27, Tafel 27.

die Frucht ist um die Hälfte kleiner und völlig kugelrund, ohne vorspringende Rippen, und hat 4–5 Zoll Durchmesser. Beim Zerschneiden zeigt sie sich voll Samen, ohne die leeren Zwischenräume, die sich beim gemeinen Melonenbaum immer finden. Die Frucht, die ich oft gegessen, schmeckt ungemein süß[*]; ich weiß nicht, ob es eine Spielart der Carica Microcarpa ist, die Jacquin[34] beschrieben hat.

Die Umgebung des Sees ist nur in Zeiten großer Trockenheit ungesund, wenn bei fallendem Wasserpegel der schlammige Boden der Sonnenhitze ausgesetzt ist. Das von Gebüschen der Coccoloba barbadensis beschattete, mit herrlichen Liliengewächsen[**] geschmückte Gestade erinnert durch den Typus der Wasserpflanzen an die sumpfigen Ufer unserer europäischen Seen. Man findet hier Laichkraut (Potamogeton), Chara und drei Fuß hohe Teichkolben, die man von der Typha angustifolia unserer Sümpfe kaum unterscheiden kann. Erst bei genauer Untersuchung erkennt man in allen diesen Gewächsen dem Neuen Kontinent eigentümliche Arten[35].[***] Wie viele Pflanzen von der Magellan'schen Meerenge, aus Chile und den Kordilleren von Quito sind früher wegen der großen Analogie hinsichtlich Bildung und Aussehen mit Gewächsen der nördlichen gemäßigten Zone verwechselt worden!

Die Bewohner der Täler von Aragua[36] fragen häufig, warum das südliche Ufer des Sees, besonders aber der südwest-

* Man schreibt ihr verstopfende Eigenschaften zu; auch nennt das Volk die *Tapaculo*.

** *Pancratium undulatum*, Amaryllis *nervosa*. Siehe unsere *Nov. Gen.*, Tl. 1, S. 278.

*** Potamogeton *tenuifolium*, Chara *compressa*, Typha *tenuifolia*. Siehe *Nov. Gen.*, Tl. 1, S. 45, 83 und 370.

liche Bereich in Richtung Los Aguacates, insgesamt stärker bewachsen ist und ein frischeres Grün hat als der nördliche. Im Februar sahen wir viele entblätterte Bäume bei der Hacienda du Cura, bei Mocundo und Guácara, während südöstlich von Valencia alles bereits auf die bevorstehende Regenzeit hindeutete. Nach meiner Ansicht werden im ersten Abschnitt des Jahrs, wo die Sonne gegen Süden abweicht, die Hügel um Valencia, Guácara und Cura von der Sonnenhitze ausgebrannt, während dem südlichen Ufer durch den Seewind, sobald er durch die *Abra de Puerto Cabello* ins Tal kommt, eine Luft zugeführt wird, die sich über dem See mit Wasserdampf vollgesogen hat. An diesem südlichen Ufer, bei Guaruto, liegen auch die schönsten Tabaksfelder in der ganzen Provinz. Man unterscheidet sie namentlich nach der *primera, segunda* und *tercera fundación*. Nach dem erdrückenden Monopol der Tabakspacht, deren wir bei der Beschreibung der Stadt Cumanacoa gedacht haben*, dürfen die Bewohner der Provinz Caracas nur in den Tälern von Aragua (bei Guaruto und Tapatapa) und in den *Llanos* bei Uritucu Tabak anbauen[37]. Der Ertrag beläuft sich auf 5–600 000 Piaster; aber die Regie ist so kostspielig, dass sie gegen 230 000 Piaster im Jahr verschlingt. Die *Capitanía general* von Caracas könnte vermöge ihrer Größe und ihres vortrefflichen Bodens genauso gut wie Cuba sämtliche europäischen Märkte versorgen; aber unter den gegenwärtigen Verhältnissen erhält sie im Gegenteil Tabak aus Brasilien auf dem Schmugglerwege über den Rio Negro, Casiquiare und Orinoco, und aus der Provinz Pore auf dem Casanare, dem Ariporo und dem Rio Meta. Das sind die traurigen Folgen

* Vgl. Kap. VI, S. 31 ff.

eines Prohibitivsystems, das den Fortschritt des Landbaus lähmt, den natürlichen Reichtum des Landes schmälert und sich vergeblich abmüht, Länder voneinander zu isolieren, durch welche dieselben Flüsse laufen und deren Grenzen in unbewohnten Regionen sich verwischen.

Unter den Zuflüssen des Sees von Valencia entspringen einige aus heißen Quellen, und diese verdienen besondere Aufmerksamkeit[38]. Diese Quellen kommen an drei Punkten der aus Granit bestehenden Küstenkordillere zu Tag: bei Onoto, zwischen Turmero und Maracay, bei Mariara, nordöstlich der Hacienda de Cura, und bei Las Trincheras, auf dem Wege von Nueva Valencia nach Puerto Cabello. Nur die heißen Wasser von Mariara und Las Trincheras konnte ich in physikalischer und geologischer Beziehung genau untersuchen. Geht man am Flüsschen Curo hinauf zu seiner Quelle, so sieht man die Berge von Mariara in die Ebene vortreten in Gestalt eines weiten Amphitheaters, das aus senkrecht abfallenden Felswänden besteht, über denen sich Bergkegel mit gezackten Gipfeln erheben. Der Mittelpunkt des Amphitheaters führt den seltsamen Namen *Teufelsmauer* (*Rincón del Diablo*). Von den beiden Flügeln derselben heißt der östliche *El Chaparro*, der westliche *Las Viruelas*. Diese verwitterten Felsen beherrschen die Ebene; sie bestehen aus einem sehr grobkörnigen, fast porphyrartigen Granit, in dem die gelblich weißen Feldspatkristalle über anderthalb Zoll lang sind; der Glimmer findet sich ziemlich selten darin und ist von schönem Silberglanz. Nichts malerischer und großartiger als der Anblick dieses halb mit Vegetation bedeckten Gebirgsstocks. Den Gipfel der *Calavera*, welcher die Teufelsmauer mit dem Chaparro verbindet, sieht man sehr weit. Der Granit ist dort durch senkrechte Spalten in prismatische Massen geteilt, und es sieht aus, als stünden Basaltsäulen auf dem Urgebirge. In der Regenzeit stürzt eine bedeutende Wassermasse über diese steilen Abhänge herunter. Die Berge, die sich östlich an die Teufelsmauer anschließen, sind lange nicht so hoch und bestehen, wie das Vorgebirge Cabrera, aus Gneis und granithaltigem Glimmerschiefer.

In diesen niedrigeren Bergen, zwei bis drei Seemeilen nordöstlich von Mariara, liegt die Schlucht der heißen Wasser, *Quebrada de aguas calientes*. Sie verläuft nach Nord 75° West und enthält mehrere kleine Tümpel, von denen die zwei oberen, die nicht miteinander zusammenhängen, nur 8 Zoll, die drei unteren 2–3 Fuß Durchmesser haben; ihre Tiefe beträgt zwischen 3 und 15 Zoll. Die Temperatur dieser verschiedenen Trichter (*pozos*) beträgt 56–59 Grad, und, was ziemlich auffallend ist, die unteren Trichter sind heißer als die oberen, obgleich der Unterschied in der Bodenhöhe nicht mehr als 7–8 Zoll beträgt. Die heißen Wasser laufen zu einem kleinen Bach zusammen (*Río de aguas calientes*), der dreißig Fuß weiter unten nur 48° Temperatur zeigt. Während der größten Trockenheit (in dieser Zeit* besuchten wir die Schlucht) hat die ganze Masse des heißen Wassers nur ein Profil von 26 Quadratzoll, in der Regenzeit aber wird dasselbe bedeutend größer. Der Bach wird dann zum Gießbach und seine Wärme nimmt ab, denn die Temperatur der heißen Quellen selbst scheint nur unmerklich zu variieren. Alle diese Quellen enthalten Schwefelwasser-

* Am 18. Februar 1800. Der geographische Atlas enthält die Karte der Umgebung von Mariara, die ich während meines Aufenthaltes auf der *Hacienda de Cura* gezeichnet habe.

stoffgas in geringer Menge. Der diesem Gas eigene Geruch nach faulen Eiern lässt sich nur ganz nahe bei den Quellen wahrnehmen. Nur in einem der Tümpel, in dem mit 56,2 Grad Temperatur, sieht man Luftblasen sich entwickeln, und zwar in ziemlich regelmäßigen Abständen von 23 Minuten. Ich bemerkte, dass die Blasen immer von denselben Stellen ausgingen, vier an der Zahl, und dass man den Ort, von dem das Schwefelwasserstoffgas aufsteigt, durch Umrühren des Bodens mit einem Stock nicht merklich verändern kann. Diese Stellen entsprechen ohne Zweifel ebenso vielen Löchern oder Spalten im Gneis; auch sieht man, wenn über einem Loch Blasen erscheinen, das Gas sogleich auch über den drei andern sich entwickeln. Es gelang mir nicht, das Gas anzuzünden, weder die kleinen Mengen in den an der Oberfläche des heißen Wassers platzenden Blasen, noch dasjenige, das ich in einer Flasche über den Quellen gesammelt, wobei mir weniger vom Geruch des Gases als von der übermäßigen Hitze in der Schlucht übel wurde. Ist das Schwefelwasserstoffgas mit viel Kohlensäure oder mit atmosphärischer Luft gemengt? Ersteres erscheint mir nicht wahrscheinlich, so häufig es auch bei heißen Quellen vorkommt (Aachen, Enghien, Barège). Das in der Röhre eines Fontana'schen Eudiometers[39] aufgefangene Gas war lange mit Wasser geschüttelt worden. Auf den kleinen Tümpeln schwimmt ein feines Schwefelhäutchen, das sich durch die langsame Verbrennung des Schwefelwasserstoffs im Sauerstoff der Luft niederschlägt. Hie und da ist eine Pflanze an den Quellen mit Schwefel überzogen. Dieser Niederschlag wird kaum bemerklich, wenn man das Wasser von Mariara in einem offenen Gefäß erkalten lässt, ohne Zweifel weil die Quantität des entwickelten Gases sehr klein ist und es sich nicht erneuert. Das erkaltete Wasser bildet in der Auflösung von salpetersaurem Kupfer keinen Niederschlag; es ist geschmacklos und sehr wohl trinkbar. Wenn es je einige Salze enthält, etwa schwefelsaures Natron oder schwefelsaure Bittererde[40], so können sie nur in sehr geringer Quantität darin enthalten sein. Da wir fast gar keine Reagenzien[41] bei uns hatten, so füllten wir nur zwei Flaschen an der Quelle selbst ab und schickten sie mit der nahrhaften Milch des sogenannten Kuhbaums (*Vaca*), über Puerto Cabello und Havanna, an Fourcroy und Vauquelin nach Paris. Dass heißes Wasser, welches unmittelbar aus dem Granitgebirge kommt, eine solche Reinheit besitzt, ist eine der merkwürdigsten Erscheinungen auf beiden Kontinenten.* Wie soll man aber die Herkunft des Schwefelwasserstoffgases erklären? Von der Zersetzung von Schwefeleisen oder Schwefelkiesschichten kann es nicht kommen. Rührt es von Schwefelkalzium, Schwefelmagnesium oder andern erdigen Halbmetallen her, die das Innere unseres Planeten unter der oxydierten Gesteinskruste enthält?

In der Schlucht der heißen Wasser von Mariara, in den kleinen Trichtern mit einer Temperatur von 56–59 Grad, leben zwei Arten von Wasserpflanzen, eine häutige, die Luftblasen enthält, und eine mit parallelen Fasern. Erstere hat große Ähnlichkeit mit der Ulva labyrinthiformis Vandellis, die in den europäischen warmen Quellen vorkommt. Auf der Insel Amsterdam sah Barrow** Büsche von Lycopo-

* Auf dem alten Kontinent kommen ebenso reine heiße Quellen in Portugal und im Cantal aus dem Granit. Die Pisciarelli des Agnanosees in Italien sind 95° heiß. Sind etwa diese Quellen verdichtete Dämpfe?

** *Voyage to Cochinchina*, S. 143.

dium und Marchantia an Stellen, wo die Temperatur des Bodens noch weit höher war. So wirkt ein *gewohnter Reiz* auf die Organe der Gewächse. Wasserinsekten kommen im Wasser von Mariara nicht vor. Man findet Frösche darin, die, von Schlangen verfolgt, hineingesprungen sind und den Tod gefunden haben.

Südlich der Schlucht, in der Ebene, die sich zum Seeufer hin ausdehnt, kommt eine andere schwefelwasserstoffhaltige, nicht so warme und weniger Gas enthaltende Quelle zu Tage. Die Spalte, aus der das Wasser läuft, liegt sechs Toisen höher als die eben beschriebenen Trichter. Das Thermometer stieg in der Spalte nicht über 42°. Das Wasser sammelt sich in einem von großen Bäumen umgebenen, fast kreisrunden, 15 bis 18 Fuß weiten und 3 Fuß tiefen Becken. In dieses Bad werfen sich die unglücklichen Sklaven, wenn sie gegen Sonnenuntergang, mit Staub bedeckt, ihr Tagewerk auf den benachbarten Indigo- und Zuckerrohrfeldern vollbracht haben. Obgleich das Wasser des *Baño* gewöhnlich 10–14 Grad wärmer ist als die Luft, nennen es die Schwarzen doch erfrischend, weil in der heißen Zone alles so heißt, was die Kräfte herstellt, die Nervenaufregung beschwichtigt oder überhaupt ein Gefühl von Wohlbehagen gibt. Wir selbst erprobten die heilsame Wirkung dieses Bades. Wir ließen unsere Hängematten an die Bäume, die das Wasserbecken beschatten, binden und verweilten einen ganzen Tag an diesem herrlichen Platz, wo es sehr viele Pflanzen gibt. In der Nähe des *Baño de Mariara* fanden wir den *Volador* oder Gyrocarpus. Die Flügelfrüchte dieses großen Baumes fliegen wie Federbälle, wenn sie sich vom Fruchtstiele trennen. Wenn wir die Äste des *Volador* schüttelten, wimmelte es in der Luft von diesen Früchten, deren gleichzeitiges Niederfallen den außergewöhnlichsten Anblick bietet. Die zwei häutigen gestreiften Flügel sind so gebogen, dass die Luft beim Niederfallen unter einem Winkel von 45 Grad gegen sie drückt. Glücklicherweise waren die Früchte, die wir auflasen, reif. Wir schickten welche nach Europa, und sie keimten in den Gärten zu Berlin, Paris und Malmaison. Die vielen *Volador*pflanzen, die man jetzt in den Gewächshäusern sieht, kommen alle von dem einzigen Baum der Art, der bei Mariara steht. Die geographische Verteilung der verschiedenen Arten von Gyrocarpus, den Brown zu den Laurineen rechnet, ist eine sehr auffallende. Jacquin sah eine Art bei Cartagena; wir fanden dieselbe in Mexico bei Zumpango, auf dem Weg von Acapulco zur Hauptstadt. Eine andere Art, die auf den Bergen an der Küste von Coromandel wächst, hat Roxburgh[42] beschrieben; eine dritte und vierte kommen auf der südlichen Halbkugel an den Küsten von Neuholland vor.

Während wir nach dem Bade uns, nach Landessitte halb in ein Tuch gewickelt, von der Sonne trocknen ließen, trat ein kleiner Mulatte[43] zu uns. Nachdem er uns ernst gegrüßt, hielt er uns eine lange Rede über die Kraft des Wassers von Mariara, über die vielen Kranken, die es seit einigen Jahren besuchten, über die günstige Lage der Quellen zwischen zwei Städten, Valencia und Caracas, wo die Sittenverderbnis mit jedem Tag schlimmer werde. Er zeigte uns sein Haus, eine kleine offene Hütte aus Palmblättern, in einer Einzäunung ganz in der Nähe eines Baches, der in das Bad läuft. Er versicherte uns, wir fänden daselbst alle möglichen Bequemlichkeiten, Nägel, um unsere Hängematten zu befestigen, Ochsenhäute, um auf Rohrbänken zu schlafen, irdene Gefäße mit immer frischem Wasser, und was uns nach dem Bad am besten bekommen werde, *Iguanas*, große Eidechsen, deren Fleisch als eine erfrischende Speise gilt. Wir ersahen aus diesem Vortrag, dass der arme Mann uns für Kranke hielt, die sich an der Quelle einrichten wollten. Seine Ratschläge wie auch seine Gastfreundschaft waren nicht gänzlich uneigennützig. Er nannte sich »Wasserinspektor und *Pulpero** des Ortes«. Auch hatte seine Zuvorkommenheit uns gegenüber ein Ende, als er erfuhr, dass wir bloß aus Neugierde gekommen waren oder, wie man in den Kolonien, dem Land des Müßiggangs, sagt, *»para ver, no más«*, (um zu sehen, weiter nichts).

Man gebraucht das Wasser von Mariara mit Erfolg gegen rheumatische Geschwülste, alte Geschwüre und gegen die schreckliche Hautkrankheit mit dem Namen *bubas*, die nicht immer syphilitischen Ursprungs ist. Da die Quellen nur sehr wenig Schwefelwasserstoff enthalten, muss man da baden, wo sie zu Tage kommen. Ein Stückchen weiter überrieselt man mit dem Wasser die Indigofelder. Der reiche Besitzer von Mariara, Don Domingo Tovar, plante, ein Badehaus zu bauen und eine Anstalt einzurichten, wo Wohlhabende etwas mehr fänden als Eidechsenfleisch zum Essen und Häute auf Bänken zum Ruhen.

Am Abend des 21. Februar brachen wir von der schönen *Hacienda de Cura* nach Guácara und Nueva Valencia auf. Wegen der schrecklichen Hitze bei Tage reisten wir lieber bei Nacht.

* Eigentümer einer *Pulpería*, d. h. eines kleinen Ladens, in dem Lebensmittel und Getränke verkauft werden.

Zentral-Asien.

Untersuchungen über die Gebirgsketten und die vergleichende Klimatologie

Zweiter Band. (Dritter Teil.)
Vergleichende Klimatologie und Veränderungen durch den Menschen

Alles, was das Absorptions- und Ausstrahlungsvermögen an einzelnen Teilen der Oberfläche, die auf gleichem Parallelkreise liegen, verändert, bringt auch Inflexionen in den Isothermen-Kurven hervor[1]. Die Beschaffenheit dieser Inflexionen, der Winkel, unter welchem die Isothermen-Kurven die Parallelkreise schneiden, die Lage der konkaven[2] oder konvexen[3] Scheitel in Bezug auf den Pol der gleichnamigen Halbkugel, sind die Wirkung von Wärme oder Kälte erregenden Ursachen, welche unter verschiedenen geographischen Längen ungleich wirken. Eine gründliche Kenntnis dieser störenden Ursachen, ihres Gewichts oder relativen Übergewichts, verbunden mit der Ansicht einer Karte, welche den ungleich absorbierenden und ausstrahlenden Zustand der Erdoberfläche genau darstellte, würde dahin führen, dass man die Richtung, den Sinn der Biegung und die Größe der Bewegung einer Isothermen-Linie da annähernd vorhersagen könnte[4], wo ihr Lauf noch gar nicht durch Beobachtungen über die mittlere Temperatur bestimmt worden ist. Dieselbe Art von Vorausbestimmung ließe sich, wenn man sie auf die Analyse der Kälte und Wärme erregenden Ursachen gründete, auch auf die Isotheren- und Isochimenen-Kurven[5] anwenden, welche die Verteilung einer gleich großen Jahreswärme unter die verschiedenen Jahreszeiten darstellen. Diese Verteilung ist, um nur e i n Beispiel anzuführen, auf den Inseln sehr verschieden von der im Innern eines großen Kontinents; indessen zeigen sich auf jeder I s o t h e r - m e n - K u r v e Abweichungen von einem gemeinsamen Typus oder Oszillationen[6], die in enge Grenzen eingeschlossen sind. Die Verteilung zwischen die Winter- und die Sommerwärme erfolgt nach bestimmten Verhältnissen; und überall, wo sich die mittlere Temperatur des Jahres auf 9° oder 9½°C. erhebt, wird man in Europa die mittlere Wintertemperatur nicht unter N u l l finden.

Die meisten Naturerscheinungen zeigen zwei verschiedene Teile[7]: einen, welchen man einer genauen Berechnung unterwerfen kann, einen andern, der nur auf dem Wege der Induktion und Analogie zu erreichen ist. So kann die mathematische Theorie der Wärmeverteilung die Phänomene verbinden, welche die Zunahme der Temperatur im Innern der Erde in verschiedenen Tiefen oder der Verlust, welchen die homogen gedachte Oberfläche in Folge der Strahlung von den Polen bis zum Äquator erleidet, darbieten; so kann sie die Inflexionen der g e o - i s o t h e r m e n Schichten da verfolgen, wo dieselben sich durch Erhebung von Plateaus (nicht von einzelnen Gipfeln) in ungleichen Abständen vom Mittelpunkte der Erde befinden. Die Geometer können analytische Ausdrücke für die Kurven aufsuchen, welche die stündlichen Veränderungen der Temperatur in den verschiedenen Monaten des Jahres und unter verschiedenen Breiten darstellen, soweit diese regelmäßigen Veränderungen auf einer Oberfläche, deren Absorptions- und Emissionsvermögen konstant sind, von der Sonnenhöhe, dem Einfallswinkel der Strahlen, der Dauer ihrer Wirksamkeit nach der Größe der halbtägigen Bogen, von dem Effekt der Strahlung der als homogen angenommenen, flüssigen oder festen Oberfläche abhängen; allein in diesem Labyrinth von störenden Ursachen[8], welche, gleichzeitig tätig, die Wirkungen an zwei unter einem und demselben geographischen parallel gelegenen Punkten auf der Erdoberfläche verschieden ausfallen lassen, ist es Sache der Physiker, die Resultate einer mathematischen Theorie mit den sorgfältig gesammelten Tatsachen zu vergleichen, an mit Prüfung gewählten Lokalitäten unter dem Einfluss völlig entgegengesetzter Umstände (auf den Ost- und West-Küsten, auf Inseln und im Innern der Kontinente, im Schatten dichter Wälder und auf mit Rasen bedeckten Ebenen, inmitten von Sümpfen oder flachen Seen und an trocknen Stellen) den Totaleffekt zu messen, d. h. die mittleren Temperaturen des Jahres, der Jahreszeiten und der Stunden, wie die Media[9] der täglichen Maxima und Minima. Aus der Verbindung der Tatsachen erkennen wir die Lage des Scheitels oder kulminierenden Punktes der Jahrestemperatur-Kurve in Bezug auf die beiden Solstitien. Zahlenelemente, welche unter denselben Breiten, unter dem Einfluss entgegengesetzter Umstände gesammelt werden, enthüllen uns, was in dem Totaleffekt einer jeden störenden Ursache für sich angehört. Es lässt sich, ich will nicht sagen: die genaue Größe der partiellen Einflüsse, wohl aber lassen sich die Grenzzahlen bestimmen, zwischen denen die Effekte schwanken, welche jeder Einfluss auf die Veränderung der mittlern Temperaturen des Jahres, des Winters und des Sommers ausübt.

Seit einem halben Jahrhundert hat man unter den verschiedenen Klimaten Temperaturbeobachtungen aufgehäuft, ohne dass man die Gesetze kannte, deren treuer Ausdruck sie sind; Gesetze, die nur dann hervortreten können, wenn man die Tatsachen nach theoretischen Betrachtungen gruppiert. Man sollte hierbei, wie überhaupt bei allen Arbeiten der Physik, Chemie, Pflanzengeographie oder Geologie (*géol. de superposition*), den Effekt einer jeden Ursache isolieren und allmählich von den einfachen Phänomenen zu den Effekten der entgegengesetzten Kräfte übergehen.

Die störenden Ursachen, welche den ursprünglichen Parallelismus der Isothermen-Linien verändern, modifizieren auch, um mich eines von Mairan[10] (*Mém. de l'Acad.* 1719, p. 133; 1765, p. 145, 210) und Lambert[11] (Pyrometrie oder von dem Maasse des Feuers, 1779, S. 342) eingeführten Ausdruckes zu bedienen, das solare Klima (die Wirkungen des periodischen Ganges der Sonnenwärme) und verwandeln dasselbe in das reale Klima. Eine mathematische Theorie kann bestimmen, was der ungleichen Wirkung der Sonnenstrahlen wegen der Lage der Oberflächenteile vom Äquator nach dem Pole oder der (im Verhältnis des Quadrats des Cosinus der Breite wachsenden) Zunahme angehört, welche von dem Winkel und der ungleichen Dauer der Strahlung abhängt. Vergliche man, ich sage nicht: die absoluten Wärmemengen, denn diese kennen wir nicht; sondern die Temperaturunterschiede[12], welche die mathematische Theorie des solaren Klimas bestimmt, mit den numerischen Verhältnissen und Elementen, welche die Beobachtung des realen Klimas ergibt; so würde es gelingen, näherungsweise das zu isolieren, was in der Gesamtwirkung aus dem Mangel an Homogenität der

Oberfläche und aus der ungleichen Verteilung des Absorptions- und Emissionsvermögens entspringt. Sobald diese erste Sonderung hergestellt ist, kann die Untersuchung der den Parallelismus bei den Linien gleicher Wärme auf einer homogenen Hülle störenden Ursachen eine bloß empirische sein. Die Gesamtwirkung wird durch die Vermischung der Temperaturen verschiedener Breiten, welche die Winde herbeiführen, hervorgebracht; ferner durch die Nähe der Meere, welche weite Behälter einer wenig veränderlichen Wärme sind; durch die Neigung, die chemische Natur, die Farbe, das Strahlungsvermögen und die Ausdünstung des Bodens, durch die Richtung der Gebirgsketten, die Gestalt der Länder, ihre Masse und ihre Erstreckung nach den Polen hin; durch die Schneemenge, welche dieselben während des Winters bedeckt, und endlich durch die Eismassen, welche gleichsam zirkumpolare[13] Kontinente bilden, deren abgelöste und von den Strömungen fortgetriebene Teile zuweilen das pelagische[14] Klima in der gemäßigten Zone merklich verändern. Durch eine geschickte Gruppierung der Tatsachen und durch Vergleichung der Zahlenelemente, welche bei gleichem Abstande vom Äquator unter entgegengesetzten Umständen gefunden worden, würde man jede einzelne störende Ursache isolieren und das Gewicht derselben annähernd bestimmen können. Der Gang der Betrachtung würde derselbe sein, wie der, den man bei der Berechnung sehr verwickelter physikalischer Phänomene anzustellen pflegt. Indem ich z. B. unter 32 Temperaturmitteln, welche ich bis zu 5000 m Höhe über dem Meeresspiegel beobachtete, die auf dem nackten oder waldigen Abhange der Andes-Cordillere von den mitten auf großen Plateaus liegenden Orten trennte[15], fand ich, wie ich schon in meiner Abhandlung über die Isothermen-Linien (*Mém. de la Société d'Arcueil*, III., 583) gezeigt, für die Plateaus eine Zunahme der jährlichen Wärme, welche wegen der nächtlichen Strahlung nicht 1.5° bis 2.3° des hundertteiligen Thermometers übersteigt.

Ich führe vorzugsweise ein Beispiel aus der Tropengegend an, welche es hier, wo die lebendigen Kräfte der Natur sich mit einer bewundernswerten Regelmäßigkeit begrenzen und einander im Gleichgewicht halten, leichter ist, eine einzelne störende Ursache zu isolieren und den mittleren Zustand der Atmosphäre und den Typus ihrer periodischen Veränderungen zu erkennen. Man muss jede Ursache anfangs so betrachten, als wäre sie allein vorhanden, und dann erörtern, welche Wirkungen darunter, miteinander verbunden, sich modifizieren, vernichten oder aufhäufen (*superposent*), wie bei den kleinen Undulationen[16], welche sich begegnen und durchkreuzen. Wenn die Ursachen einzeln wirken, so kann man sie nach der Art ihres Vorzeichens verbinden, je nachdem sie die mittlere Temperatur eines Ortes, in Vergleich mit einer gewissen Menge geschmolzenen Eises, erhöhen oder vermindern; vereinigen sich dagegen mehrere Ursachen, so wird die Größe der Wirkung nach schwieriger erkennbaren Gesetzen modifiziert.[17] Die Verdampfung bei einem Seebecken ist z. B. eine abkühlende Ursache; ihre Wirkung wird vermehrt durch Strömungen, die die Oberfläche des Wassers berühren; wenn aber diese zugleich Luft herbeiführen, deren Temperatur die des Wassers übertrifft, so wird die abkühlende Wirkung der Verdampfung durch die erwärmende der Wasserströmung aufgewogen. Das Endresultat ist also eine Erhöhung der Temperatur, welche von der durch die Verdampfung verminderten Wirkung des SW.-Windes herrührt. Ebenso wirkt auch eine leichte Wolkenschicht auf zwei entgegengesetzte Arten, indem sie zu gleicher Zeit die Wirkung der Sonnenstrahlen und den Wärmeverlust schwächt, den die Erdoberfläche in Folge der Ausstrahlung erleidet. Die gesamte Wirkung der solaren Strahlung ist oft geringer bei ganz heiterm Himmel, als wenn sie durch eine ganz dünne Wolkenschicht stattfindet, weil diese den Verlust an Bodenwärme, welcher durch Ausstrahlung gegen den leeren Raum stattfindet, vermindert.

Was die Wirkung betrifft, welche die störenden Ursachen durch die ungleiche örtliche Verteilung des Absorptions- oder Emissionsvermögens der Oberfläche auf die Gestalt der Isothermen ausüben; so kann man sie folgendermaßen betrachten: Jede Ursache für sich vermehrt oder vermindert die mittlere Temperatur eines Punktes *a*, gleich als wenn sich derselbe bei unverändertem Meridian dem Äquator näherte oder davon entfernte. Nehmen wir nun an, dass die durch alle störenden Ursachen zusammen hervorgebrachte Wirkung die Wärme von *a* erhöhe und sie gleich der an einem dem Äquator näher gelegenen Punkte mache; so wird die den letztern Punkt mit *a* verbindende Linie notwendig gegen Norden steigen. Auf diese Weise nimmt, in Folge der Veränderung des Absorptions- und Emissionsvermögens und der ungleichen Wirkung gewisser Teile der Erdhülle auf ein System von Punkten in der Nähe einer Isotherme, diese Linie Biegungen mit konkaven und konvexen Scheiteln an. Wegen einer ähnlichen Wirkung, nämlich wegen der Vereinigung derjenigen Umstände, welche die Temperatur Europas, d. h. des westlichen, peninsularen[18] Endes der Alten Welt, steigern,[19] läuft die

Isotherme von 12.8° C. durch Mailand und die Mitte von Frankreich unter 45½° Breite, während man an der Ostküste von Asien und Amerika, zu Peking und in Pennsylvanien, um sie anzutreffen, mindestens bis 39½° Br. herabgehen muss. Das, was wegen der ungemeinen Verwickelung in der Erscheinung der strengen Anwendung einer mathematischen Theorie entgeht, muss durch empirische Gesetze verknüpft werden. Die großartigen Äußerungen des Erdmagnetismus als Deklination, Inklination[20] und Intensität der Kräfte konnten ebenfalls erst seit der Zeit durch allgemeine Gesetze verbunden werden, wo man anfing, durch diejenigen Punkte der Oberfläche Linien zu ziehen, die gleichzeitig dieselben magnetischen Eigenschaften zeigen, und die Bewegung ihrer Inflexionen im Laufe der Jahrhunderte zu verfolgen. Darf man nicht annehmen, dass analoge Bewegungen, nur unendlich langsamer und ohne periodische Wiederkehr, die konkaven und konvexen Scheitel der Isothermen-Linien und besonders die Gestalt der Isotheren- und Isochimenen-Linien verändern?

Sicherlich sind ziemlich bedeutende Veränderungen in der Beschaffenheit der Erdhülle vorgegangen[21], teils in Folge der Fortschritte der menschlichen Gesellschaft, wenn dieselbe sehr zahlreich und tätig wurde, teils auch in Folge der geologischen, wegen der außerordentlichen Langsamkeit ihrer Wirkungen fast nicht bemerkbaren Ursachen, welche mit dem mangelnden Gleichgewicht zusammenhängen, das im Kampf der Elemente und Kräfte noch keinesweges vollkommen erreicht ist. In Gallien, Germanien und dem nördlichen Teile der Neuen Welt, wo die Bevölkerung und die intellektuelle Macht der Gesellschaft unter der Ägide[22] freier und kräftiger Verfassungen schnelle Fortschritte machen, haben dieselben Teile der Erde nicht dieselbe isochimenische Breite behalten. Sobald durch die Wirkung großartiger geologischer Ursachen in einem Teile eines Kontinents das mittlere Vorherrschen gewisser Winde merklich verändert würde, so würden daselbst ebenfalls die Barometerhöhe und die Menge der niedergeschlagenen Dämpfe modifiziert werden. Die physikalische Geographie hat, wie das Weltsystem, ihre Zahlenelemente, und diese werden in dem Maße immer mehr vervollkommnet werden, als man die Tatsachen zu ordnen versteht, um mitten im Konflikt der partiellen Störungen die allgemeinen Gesetze gewahr zu werden.

Wenn man die Umstände, welche die Form der Isothermen-Linien bestimmen, nach ihren positiven oder negativen Vorzeichen klassifiziert[23], so erkennt man auf den ersten Blick unter den die mittlere jährliche Temperatur einer Gegend erhöhenden Ursachen folgende: die Nähe einer Westküste in der gemäßigten Zone, die Konfiguration eines Kontinents, welches Halbinseln und Binnenmeere zeigt[24]; die Stellungsverhältnisse eines Teiles des Kontinents, entweder zu einem eisfreien Meere, welches sich über den Polarkreis hinaus erstreckt, oder zu einer Masse kontinentalen Landes von beträchtlicher Ausdehnung, welches zwischen denselben Meridianen unter dem Äquator oder in einem Teile der tropischen Zone liegt; ferner das Vorherrschen von Süd- und Westwinden im westlichen Ende eines Kontinents der gemäßigten Zone; Gebirgsketten, die gegen Winde, welche aus kältern Gegenden wehen, als Schutzmauer dienen; die Seltenheit von Sümpfen und der Mangel an Wäldern auf einem trocknen Sandboden; endlich die stete Heiterkeit des Himmels in den Sommermonaten und die Nähe eines pelagischen Stromes, wenn er Wasser von einer höhern Temperatur, als das umliegende Meer besitzt, herbeiführt.

Zu den abkühlenden Ursachen (oder zu denen mit negativem Vorzeichen) zählen wir: die Höhe eines Ortes über dem Meeresspiegel, ohne dass bedeutende Hochebenen auftreten; die Nähe einer Ostküste in hohen und mittleren Breiten, die Konfiguration eines Kontinents ohne Küstenkrümmungen, welches sich nach den Polen hin bis zu dem ewigen Eise (ohne dass ein offenes Meer dazwischen liegt) erstreckt, oder das zwischen denselben Meridianen, wie die Gegend, deren Klima untersucht wird, je nach der Benennung der Hemisphäre, im Süden oder im Norden ein Äquatorialmeer ohne festes Land hat; Gebirgsketten, deren Richtung den Zutritt der warmen Winde verhindert, oder die Nähe isolierter Gipfel, welche häufig längs ihrer Abhänge herabsinkende Luftströme verursachen; ausgedehnte Wälder, häufiges Vorkommen von Sümpfen, welche bis in die Mitte des Sommers kleine unterirdische Gletscher bilden; ein nebliger Himmel, der die Wirkung der Sonnenstrahlen auf ihrem Wege zu dem festen Teil der Erde schwächt, und endlich ein heiterer Winterhimmel, der die Wärmeausstrahlung befördert.

Bei der Aufzählung der Ursachen, welche die Gestalt der Isothermen-Linien stören, könnte man dieselbe Klassifikation der Wirkungen nach entgegengesetzten Vorzeichen befolgen: Aber eine solche Klassifikation würde den Nachteil mit sich führen, dass sie zusammengesetzte Erscheinungen trennt, die sich, mannigfaltig modifiziert, auch auf verschiedene Weise äußern und die Wirkungen abändern, indem sie dieselben zusammengesetzt machen.

Der Einfluss dieser Erscheinungen auf die Wärmemenge, welche ein Punkt auf der Erde im Verlauf eines Jahres erhält, und der auf die Verteilung dieser jährlichen Menge unter die verschiedenen Jahreszeiten ist keineswegs gleich groß. Um nicht die Einheit in der Natur, d. h. das Resultat aller einander durchdringenden, bekämpfenden und wechselseitig aufhebenden Kräfte aus den Augen zu verlieren, muss man eine Klassifikation in zwei Reihen mit entgegengesetzten Vorzeichen aufgeben und diejenige vorziehen, welche aus der Betrachtung des Zustandes des Erdballs entspringt, der umgeben ist von Schichten elastischer Flüssigkeiten, von dem Luftozean, dessen Grund teilweise die Meeresoberfläche, teilweise das von Bergen bedeckte, kahle und sandige oder mit Vegetation bedeckte feste Land bildet. Wir wollen nun flüchtig und aus dem allgemeinsten Gesichtspunkte den dreifachen Einfluss, den des Bodens, des Meeres und der Luft auf die Wärmeverteilung betrachten, welche in den Systemen gleich weit vom Äquator entfernter Punkte verschieden ist. Ich werde mich auf einige Beispiele beschränken, die mir weite Landreisen im Innern der beiden Kontinente, nördlich und südlich vom Äquator, auf 185° Längen- und über 72° Breitengraden in sehr verschiedenen Höhen über dem Spiegel des Ozeans geliefert haben.

[...]

Höhentafel für die Grenze des ewigen Schnees auf beiden Hemisphären, auf direkte Messungen gegründet[25]. (100-teiliges Thermometer.)

Gebirgsketten.	Breite.	Untere Grenze des ewigen Schnees,		Mittlere Temperatur am Meeresspiegel unter derselben Breite,	
		Toisen.	Mètres.	Jahr.	Sommer.
I. Nördliche Hemisphäre.					
Norwegen, Küste, Insel Mageröe	71¼° n.	370	720	+ 0.2°	+ 6.4
Norwegen, im Innern	70–70¼° n.	550	1072	- 3.0	11.2
Norwegen, im Innern	67–67½°n.	650	1266	…	…
Island, Österjöckull	65° n.	480	936	+ 4.5	12.0
Norwegen, im Innern	60–62° n.	800	1560	4.2	16.3
Aldanische Kette (Sibirien)	60° 55' n.	700	1364	…	…
Nord-Ural, zweifelhaft nach Strajewsky	59 40	750	1460	3.5	15.7
Kamtschatka, Vulkan Schewelutsch	56 40	820	1600	2.0	12.6
Unalaschka	53 44	550	1070	4.1	10.5
Altai	49¼–51° n.	1100	2144	7.3	16.8
Alpen	45¾–46° n.	1390	2708	11.2	18.4

Kaukasus, Elbrus	43° 21' n.	1730	3372	13.8	21.6
Kaukasus, Kasbek	42 42	1660	3235	...	...
Pyrenäen	42½–43° n.	1400	2728	15.7	24.0
[Rocky Mountains]	[43° 3' n.	1950	3800	12.5	24.0]
Ararat	39° 42' n.	2216?	4318?	17.4	25.6
Berg Argaeus (Klein-Asien)	38 33	1674	3262	...	...
Bolor	37½ n.	2660	5185	...	...
Sizilien, Ätna	37½ n.	1490	2905	18.8	25.1
Spanien, Sierra Nevada in Granada	37° 10' n.	1750?	3410?	...	...
Hindu-kho	34½ n.	2030	3956	...	...
Himalaya, Nord-Abhang	30¾–31° n.	2600	5067	...	...
Himalaya, Süd-Abhang	...	2030	3956	20.2	25.7
Mexiko	19–19¼° n.	2310	4500	25.0	27.8
Abyssinien	13° 10' n.	2200	4287	...	...
Süd-Amerika, Sierra Nevada de Merida	8 5	2335	4550	27.2	28.3
Süd-Amerika, Vulkan Tolima	4 46	2397	4670	...	...
Süd-Amerika, Vulkan Purace	2 18	2405	4688	...	...
II. Äquator.					
Quito	0 0	2475	4824	27.7	28.6
III. Südliche Hemisphäre.					

Andes von Quito	0–1½° s.	2470	4814	…	…
Chili östliche Cordillere	14½–18° s.	2490	4853	…	…
westliche Cordillere	…	2897	5646	…	…
Chili, Portillo und Vulkan Peuqenes	33° s.	2300	4483	…	…
Chili, Küstencordillere der Andes	41–44° s.	940	1832	…	…
Magellans-Straße	53–54° s.	580	1130	5.4	10.0

Zahlenelemente, welche dem einfachen Verhältnisse der Breite zuwiderzulaufen scheinen,[26] stehen keineswegs mit den Gesetzen in Widerspruch, welche auf die verwickelten Verhältnisse der Inflexion der Isothermen-Curven, des Grades der Trockenheit und Durchsichtigkeit der umgebenden Luft, der Rückstrahlung der benachbarten Plateaus, der Gruppierung der Berge, ihrer Masse und der Böschung ihrer Abhänge gegründet sind. In der Neuen Welt sehen wir, dass sich die Schneegrenze sehr langsam nach der Grenze der nördlichen heißen Zone (Mexiko) hin senkt und dagegen nach der Grenze der südlichen heißen Zone hin in dem Klima von Chili und Bolivia in die Höhe steigt.

Cordillere der Andes von 19° n. bis 54° s. Br.[27]

Mexiko	19° n. Br.	Schneegrenze in 2300 t.[28]
Quito	Äquator	2470
Bolivia	17° s. Br.	2700
Mittel-Chili	33 –	2300
Süd-Chili	43 –	940
Magellans-Straße	54 –	580

Die gewaltige Kette des Himalaya hat im Mittel aus beiden Abhängen unter 30° n. Br. eine Höhe der Schneegrenze, welche wenig geringer ist, als die innerhalb der heißen Zone unter 19° Br. in Mexiko. Der Argaeus in Klein-Asien, nördlich von der Taurus-Kette, trägt unter gleichem Parallel mit dem Bolor noch an 1000 t. tiefer herab Schnee. Der Kaukasus und die Pyrenäen besitzen fast dieselbe Breite; aber die hohe Sommerwärme Asiens macht, dass die Schneelinie sich gegen 300 t. höher erhebt. Die ewigen Nebel, welche an der Südspitze Amerikas (53° s. Br.) herrschen, deprimieren[29] die Schneegrenze so stark, dass man sie auf der entgegengesetzten Halbkugel (in Norwegen) 15° näher dem Nordpole erst in gleicher Höhe antrifft. Das Innere der skandinavischen Halbinsel und ihr Gestade, der nördliche oder tübetische Abhang und der südliche oder indische des Himalaya, die östliche und die westliche Cordillere Bolivias und Chilis zeigen uns unter gar wenig verschiedenen Breiten die auffallendsten Gegensätze in der Höhe des ewigen Schnees. Unsere Kenntnisse in der Physik des Erdballs und über den Einfluss, welchen so viele zusammenwirkende

Ursachen auf die Verteilung der Wärme und der Dämpfe in den obern Regionen der Atmosphäre ausüben[30], setzen uns in den Stand, den größten Theil der in unsrer Tafel (zu S. 45) bei der auf- und absteigenden Reihe der Zahlenelemente hervortretenden augenscheinlichen Anomalien zu erklären. In den Augen des Naturforschers gibt es nichts Zufälliges als das, was sich noch der Analogie gehörig beobachteter Tatsachen entzieht.[31]

Ich hätte diese Betrachtungen über das Absorptions- und Emissionsvermögen des Bodens, wovon im Allgemeinen das Klima der Kontinente und die Wärmeabnahme in der Luft abhängen, mit einer Untersuchung der Veränderungen schließen können, welche der Mensch auf der Oberfläche des Festlandes durch das Fällen der Wälder, durch die Veränderung in der Verteilung der Gewässer und durch die Entwicklung großer Dampf- und Gasmassen an den Mittelpunkten der Industrie hervorbringt[32]. Diese Veränderungen sind ohne Zweifel wichtiger, als man allgemein annimmt[33]; aber unter den zahllos verschiedenen, zugleich wirksamen Ursachen, von denen der Typus der Klimate abhängt, sind die bedeutendsten nicht auf kleine Lokalitäten beschränkt, sondern von Verhältnissen der Stellung, Konfiguration und Höhe des Bodens und von den vorherrschenden Winden abhängig, auf welche die Zivilisation keinen merklichen Einfluss ausübt. Ich hätte ferner auch die periodische Oszillation der Erdwärme in den der Oberfläche zunächst[34] liegenden Schichten und in den Spalten und kreisförmigen Öffnungen abhandeln können, durch welche die Atmosphäre, selbst noch bei dem jetzigen Zustande unseres Planeten[35], den Einfluss der hohen Temperatur des Innern erfährt; einen Einfluss, den man sehr unbestimmt als vulkanische Tätigkeit bezeichnet. Diese, welche vormals vervielfältigt und in größerem Umfange auftrat, konnte den Gegenden in der Nähe der Pole ein Klima für Palmen, Bambusaceen, baumartige Farnkräuter und Steinkorallen verleihen. Fragen der Art gehören indes nicht ins Gebiet der vergleichenden Klimatologie, insofern sich dieselbe auf wirkliche und direkte Beobachtungen gründet.

Das Meer[36]. – Da die Wasserhülle der Erdoberfläche der Sonnenwirkung einen dreimal größeren Raum darbietet, als die über den Wasserspiegel emporgehobenen Ländermassen, so ist (wir wiederholen dies hier) die genaue Kenntnis der Wärmeverteilung im Ozean für die Theorie der Isothermen-Linien im Allgemeinen von der höchsten Bedeutung. Diese Kenntnis der Klimatologie der Meere[37] hatte sich seit dem Anfange des 19. Jahrh. weit mehr vervollkommnet, als die Klimatologie der Kontinente. Sie ist umso wichtiger, als sie dem Menschen in kommenden Jahrhunderten mehr als irgendeine andere Erscheinung über die Konstanz der Erdtemperatur Aufschluss zu geben vermag, wenn er die Wärme der Oberfläche fern von den Küsten in denselben Meeresstrichen und zu denselben Zeiten im Jahre sorgfältig beobachtet. »Wenn man erwägt, sagt Hr. Arago[38] in seinem bewundernswürdigen Bericht über die wissenschaftlichen Leistungen der Expedition der Fregatte *Vénus*[39] (*Compt. Rendus*, t. XI, pt. 2, p. 309), dass die Temperatur des Ozeans zwischen den Wendekreisen und auf offener See sehr wenig variiert, dass die mittlere Temperatur aus drei oder vier Durchschneidungen der Linie, und dass ferner das aus zehn, zwölf oder zwanzig dergleichen Beobachtungen, welche ohne Auswahl zwischen 10° n. und 10° s. Br. angestellt sind, abgeleitete Medium überall dasselbe ist; so wird man begreifen, dass man im Stande ist (mittelst Zahlenelemente, welche man auf den pelagischen Becken gewonnen hat), erfolgreich auf ein bisher unentschieden gebliebenes Hauptproblem, nämlich auf das über die Beständigkeit der Erdtemperaturen einzugehen, ohne dass man sich um lokale und natürlich sehr beschränkte Einflüsse zu kümmern hat, welche aus dem Ausroden der Wälder in Ebenen und Gebirgen oder dem Austrocknen der Seen und Sümpfe entspringen. Indem jedes Jahrhundert den kommenden Geschlechtern einige ganz leicht zu erhaltende Ziffern vermacht, liefert es ihnen vielleicht das einfachste, genaueste und direkteste Mittel, um zu entscheiden, ob die Sonne, welche gegenwärtig die erste und fast ausschließliche Wärmequelle für unsre Erde ist, ihre physische Beschaffenheit und ihren Glanz, wie die meisten Gestirne, ändert oder ob sie nicht im Gegenteil zu einem permanenten Zustand gelangt ist.«

Zwei Flüssigkeiten, das Wasser und die Luft, tragen dazu bei, die Wärmeverteilung auf der Erde gleichförmiger zu machen* und die verschiedenen Temperaturen zu vermischen, welche aus der ungleichen Absorption und Emis-

* S. meine *Voy. aux rég. équin.*, t. III, ch. XXIX., S. 514–530. Der gewöhnlichste Zustand des Ozeans vom Äquator bis 48° n. und s. Br. ist der, dass die Meeresoberfläche wärmer ist, als die darauf ruhende Atmosphäre. In den tropischen Meeren finde ich im Mittel den Temperaturunterschied des Wassers um Mittag und Mitternacht 0,76°C; die größten Abweichungen betragen 0,2° und 1,2° (l. c., S. 523).

sion der Wärme auf der Oberfläche der Kontinente entspringen.

Die Meere erwärmen sich an ihrer Oberfläche weniger als das Land, weil die Sonnenstrahlen, bevor sie ganz verschwinden, in eine größere Tiefe und durch eine größere Anzahl von Schichten der durchsichtigen Flüssigkeit dringen. Das Wasser besitzt ein sehr starkes Ausstrahlungsvermögen, und die Oberfläche des Ozeans würde durch Ausstrahlung und Verdunstung gleichzeitig erkalten, wenn nicht in Folge der Beweglichkeit der Moleküle, aus denen das Element des Wassers besteht, die erkalteten Teile ihrer zunehmenden Dichtigkeit halber fortwährend suchten, sich nach den untern Regionen zu bewegen. Die Experimente von Rumford[40], Marcet[41] und Ad. Erman[42] tun dar, dass das Wasser bei dem geringsten Salzgehalt sein Maximum der Dichtigkeit nicht mehr bei 4.4° des hundertteiligen Thermometers (nach Hällström 3.92°) hat. Der Salzgehalt des Meeres wird daher die Ursache einer für die Physik des Erdballs sehr wichtigen Erscheinung; er bewirkt nämlich, dass der Punkt der größten Dichtigkeit, gegen reines Wasser verglichen, sich herabsenkt. Ich will nicht sagen, dass derselbe zugleich durch Verdunstung (Änderung seines Zustandes, die von einer chemischen Absonderung begleitet ist,) die elektrische Spannung der Atmosphäre zum großen Teil hervorrufe. Die elektrischen Wirkungen der Verdampfung scheinen erst in dem Augenblick einzutreten, wo das mit Salz gesättigte Wasser eine feste Kruste absetzt.

Seitdem man die ununterbrochen zunehmende Dichtigkeit des flüssig gebliebenen Meerwassers kennt, musste die Wahrnehmung, dass die Temperatur jenseits des Polarkreises nach der Tiefe hin wächst, etwas Überraschendes haben. Dies bestätigten übereinstimmend die Versuche* von Lord Mulgrave[43], Scoresby[44], Ross[45] und Parry[46]. Umso mehr Beachtung verdient die Bemerkung des Cap. Beechey[47] (*Voy.*, II., 132), dass er in der Gegend der Behrings-Straße die Polarwasser in einer Tiefe von 20 Faden - 1.4° und an der Oberfläche + 6.3° gefunden.

* S. eine Zusammenstellung, welche die Beobachtungen mehrerer Seefahrer enthält, in Pouillet's *Elém. de Phys.*, t. II, S. 689.

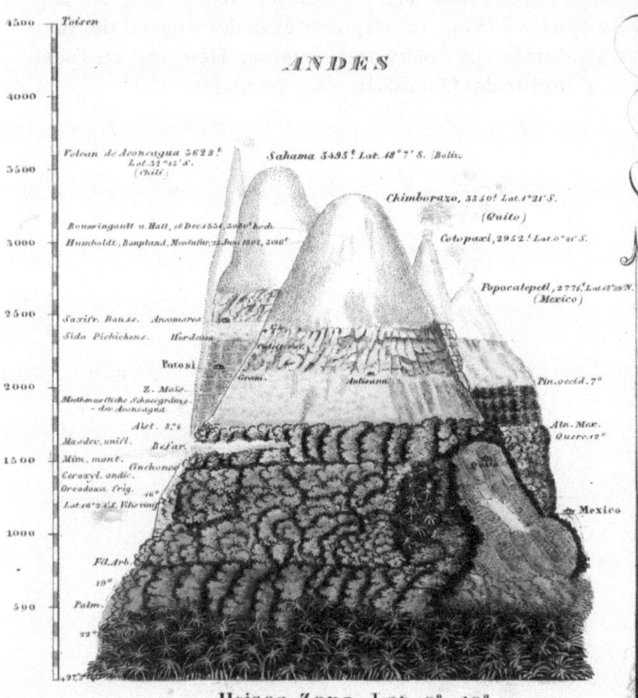

Heisse Zone, Lat. 0° – 10°
(Humboldt, Bonpland, Pentland ℓ.)

Geschichte der Pflanzen (der Vierwaldstätter See). Naturgemälde

Wo das Wasser ein Häufchen Erde zusammenschwemmt[1] da wachsen Pflanzen. So sieht man *Inseln*[2] von Kräutern auf den unwirthbaren Granitblökken des Gotthard und Bernhard, so Inseln mitten in dem Eismeere am Montblanc. Diese Inseln sind mit Flechten, wie mit Korallenriefen, umzingelt. Die fruchtbarsten Provinzen waren einst solche Inseln auf der nakten noch unbedekten Oberfläche des Erdkörpers[3]. Wo durch das dörrende Laub der Bäume das Häufchen Erde größer wird, da nisten sich Menschen und siedeln sich an[4]. So haben die Schneewasser am 4 Waldstätter See dicht hinter der Bettesweilder? Platte Erde in einer einzelnen Kluft zwischen zwei Felsen zusammengeschwemmt. In den Rizen wachsen einzelne Tannen. Der Schauplaz dieser kleinen Schöpfung ist uralt, denn dies und jenseits des Sees haben die Felsschichten einerlei Fallen, also das Thal (jezt einen See bis zur Meerestiefe eingeschnitten) neuer als die Erhärtung des Gesteins. Ein dichter Rasen bedekt die sanftansteigende Fläche mit dikklaubigen Buchen besezt. Sie bilden theils gesellig kleine Gebüsche[5], theils werfen sie »im lezten zukkenden Strahl der Abendsonne« den langen Schatten auf den Rasen. Einzelne Tannen steigen von dem Hochgebirge bis ans Seeufer herab, wo Felsblökke zerstreut liegen. Aber dahin, wo die grüne Aue sich gleichsam in die grüne Fläche des Sees verliert, in jene milde Region, bis dahin dringen sie nicht herab. In der Mitte des Thals (so arm auch die Felskluft) dringt ein klares Bächchen herab. An diesem liegt die Kirche. Der Vorgrund ist ohne Bäume, aber hoch über den Gräbern säuselt das Buchenlaub. Hart am See liegen Fischerhäuser. Dort spielen die Knaben am Wasser. Am Ende des Thals wo die Felskluft gegen den Himmel sich erhebt[6] (?) ragt ein steiles Bergjoch mit ewigem Schnee bedekt hervor. Dieser Ort heißt Sisigan.

Scripsi auf der Rükreise[7] von Mailand nach Lucern mit Häften[8]!

Zu dieser Ausgabe

Der Auszug zum See von Valencia entstammt der Ausgabe:

> Alexander von Humboldt: Reise in die Äquinoktial-Gegenden des Neuen Kontinents. Hrsg. von Ottmar Ette. Mit Anmerkungen zum Text, einem Nachw. und zahlreichen zeitgenössischen Abbildungen sowie einem farbigen Bildteil. 2 Bde. Frankfurt a. M. / Leipzig: Insel Verlag, 1991.

Auf den Abdruck von Fußnoten, die von geringerer Bedeutung für Humboldts Argumentation sind, wurde verzichtet.

Die beiden Auszüge aus *Asie Centrale* entstammen der Ausgabe:

> Alexander von Humboldt: Central-Asien. Untersuchungen über die Gebirgsketten und die vergleichende Klimatologie. Aus dem Franz. übers. und durch Zusätze verm. hrsg. von Dr. Wilhelm Mahlmann, Mitglied der Gesellschaft für Erdkunde zu Berlin, des physikalischen Vereins zu Frankfurt a. M. usw. Mit einer Karte und vierzehn Tabellen. Zweiter Band (Dritter Theil). Berlin: Verlag von Carl J. Klemann 1844, S. 79–86 sowie S. 212–217.

Bei Humboldts Text *Geschichte der Pflanzen (der Vierwaldstätter See). Naturgemälde* handelt es sich um eine neue Transkription durch Ulrich Päßler nach einem ersten Abdruck durch Hanno Beck (im Zusammenhang mit dem

Akademienvorhaben »Alexander von Humboldt auf Reisen – Wissenschaft aus der Bewegung«), dem großer Dank gebührt. Das Manuskript findet sich im Nachlass Alexander von Humboldts in der Staatsbibliothek zu Berlin Preußischer Kulturbesitz, Nachlass AvH, gr. Kasten 11, Nr. 125, Bl. 9r.

Die Orthographie der ersten beiden Texte wurde behutsam modernisiert, der dritte Text in seiner historischen Fassung belassen.

Anmerkungen

Reise in die Äquinoktial-Gegenden des Neuen Kontinents.

Von 1799 bis 1804 unternahm Humboldt gemeinsam mit Aimé Bonpland seine erste große transkontinentale Reise in die amerikanischen Tropen, die ihn in die heutigen Länder Venezuela, Kuba, Kolumbien, Ecuador, Peru, Mexiko, ein zweites Mal nach Kuba und in die USA führte, bevor er nach Paris zurückkehrte, von wo aus beide aufgebrochen waren. Der ausgewählte Textauszug entstammt dem 16. Kapitel des eigentlichen Berichts über Humboldts Reise in die amerikanischen Tropen, der unter dem Titel *Relation historique* seinem dreißigbändigen Werk *Reise in die Äquinoktial-Gegenden des Neuen Kontinents* (*Voyage aux régions équinoxiales du Nouveau-Continent*) eingegliedert wurde. Alexander entstammte wie sein älterer Bruder Wilhelm mütterlicherseits einer aus Frankreich nach Preußen* eingewanderten Hugenottenfamilie, bediente sich ganz selbstverständlich auch des Französischen und war zum damaligen Zeitpunkt Teil der französischen Wissenschaftsgemeinschaft.

Humboldt arbeitete seit seiner Rückkehr aus Amerika nach Paris über Jahrzehnte aufopferungsvoll an seinem *Opus Americanum* und begann mit der Publikation der ersten Lieferung seines Reiseberichts – entgegen der Jahreszahlen des ersten Bandes seiner unvollendet gebliebe-

* Vgl. zu dieser Dimension Preußens Ottmar Ette, *Mobile Preußen. Ansichten jenseits des Nationalen*, Stuttgart 2019.

nen dreibändigen Ausgabe – im November 1814. Der Druck des ausgewählten Teiles lag wohl bereits im September 1818 vor, erschien aber wohl erst im August 1819 und damit nahezu zwei Jahrzehnte nach dem Besuch der von ihm behandelten Teilregion Südamerikas. Noch bis in die 1840er Jahre – also noch bis in die Abfassung seines Werkes über *Zentral-Asien* hinein – hatte Humboldt sein Ziel nicht aufgegeben, den bald nach der Darstellung der Überfahrt von Kuba ins heutige Kolumbien im dritten Band abbrechenden Reisebericht durch einen vierten Band zu ergänzen und damit seine *Relation historique* zu vervollständigen. Dieses Vorhaben kam jedoch nie zur Ausführung: Humboldts Reisebericht blieb wie so viele seiner umfangreichen Werke Fragment. Gleichwohl besteht eine direkte Verbindung zwischen dem Bericht von seiner 1799 gestarteten Reise in die Tropen Amerikas und seiner drei Jahrzehnte später unternommenen Reise nach Zentral-Asien von 1829.

In seinen *Amerikanischen Reisetagebüchern** sind die Notizen und Anmerkungen, die Humboldt während seiner Reise vor Ort anfertigte, aufbewahrt und erlauben einen guten Überblick über die vielfachen Rückgriffe des preußischen Gelehrten Jahrzehnte später auf seine damali-

* Vgl. hierzu auch die Ausgabe von Alexander von Humboldt, *Das Buch der Begegnungen. Menschen – Kulturen – Geschichten aus den Amerikanischen Reisetagebüchern*, hrsg., aus dem Franz. übers. und komm. von Ottmar Ette. Mit Originalzeichnungen Humboldts sowie historischen Landkarten und Zeittafeln. München 2018; sowie Ottmar Ette / Julia Maier, *Alexander von Humboldt: Bilder-Welten. Die Zeichnungen aus den Amerikanischen Reisetagebüchern*, München / London / New York 2018.

gen Reisemitschriften. Zugleich wird durch einen raschen Vergleich erkennbar, wie viel Sorgfalt und Mühe der Verfasser der *Ansichten der Natur* auf die Ausarbeitung der für den vorliegenden Band ausgewählten Passage verwandt hat.

Die *Amerikanischen Reisetagebücher* bilden das wissenschaftliche Versuchsfeld oder Laboratorium für das, was man heute als »Humboldt'sche Wissenschaft« bezeichnen kann, also für eine Wissenschaft, die transdisziplinär verschiedenste damals in Entstehung begriffene oder von Humboldt mitbegründete Disziplinen zusammendenkt und damit einen entscheidenden Schritt in Richtung eines ökologischen Verständnisses von Natur und Kultur geht. Die abgedruckte Passage umfasst den Auftakt des 16. Kapitels und entspricht der vom Verfasser überarbeiteten Übersetzung des französischen Originals durch Hermann Hauff unter Rückgriff auf die erste, von Humboldt kritisierte Übersetzung der *Relation historique* ins Deutsche.

1 *Die Täler von Aragua:* Gleich im ersten Satz gibt Humboldt seiner Leserschaft Überblick und Einordnung der gesamten Landschaft des damaligen küstennahen Großkolumbien, deren einzelne Bestandteile er in der Folge darstellen wird. Damit wird der Valencia-See im Norden des heutigen Venezuela leicht in einem Becken der Küstenkordillere als Landschaftseinheit erkenn- und lokalisierbar. Dabei fällt auf, dass Humboldt sowohl naturräumliche als auch kulturräumliche Aspekte, ebenso geologische und geomorphologische wie landwirtschaftliche und ertragsbezogene Fragestellungen von Beginn an eng miteinander verknüpft. Auf diese Weise erscheinen Natur und Kultur aufs Innigste miteinander verbunden, eine Grundvoraussetzung für die Humboldt'sche Herangehensweise an die Entwicklungen eines ökologischen

Denkens *avant la lettre*. Erst die schrittweise Erfassung der gesamten Einbettung des Beckens erlaubt die nachträgliche Analyse des Ineinandergreifens von naturräumlicher Ausstattung und menschlichem Eingriff in die Natur.

2 *ein System für sich:* Humboldt isoliert innerhalb dieser von ihm gebotenen Gesamtsicht ein einzelnes System, das in seiner inneren Beschaffenheit, ja Systemhaftigkeit analysiert wird, eine Einsicht in ein bestimmtes Ökosystem, dessen Funktionsweise erkundet werden soll. Entwässerung und Vorfluter werden bereits in dieser einführenden Passage klar benannt. Dass Humboldt versuchte, einzelne Ökosysteme auf ein Gesamtsystem Erde hin zu denken, wird im weiteren Verlauf der Untersuchung aller ausgewählten Textpassagen zu zeigen sein.

3 *Von diesen Flüssen … in diesen Tälern ab:* Erneut bringt Humboldt die Abhängigkeit kultureller Nutzung von der naturräumlichen Ausstattung zum Ausdruck, öffnet zugleich aber die Tür für ein Verständnis der *Wechselwirkung* der Beziehungen zwischen Kultur und Natur. Dabei zeigt sich von Beginn an die Störung eines idealtypisch angenommenen Gleichgewichts, einer Balance zwischen den Faktoren von Natur und Kultur, die von ihm wie von vielen Bewohnern am Valencia-See als gestört angesehen wird. Bisherige Hypothesen zu den Gründen für die Absenkung des Wasserspiegels im See von Valencia werden angeführt und erörtert.

4 *Fuß:* zu den Maßeinheiten vgl. hier und im Folgenden den Abschnitt »Größen und Längen« bzw. S. 93 in diesem Band.

5 *Das Zusammentreffen … aufmerksam machen:* Zentral für Humboldts Gedankenwelt ist das Zusammentreffen wie die Wechselwirkung unterschiedlichster Faktoren von Natur und Kultur, wobei dieses Zusammentreffen auf der Ebene der Wissenschaft (und damit epistemologisch) ein *Zusammendenken* unterschiedlichster Faktoren nötig macht. Durch diese wechselseitige Verknüpfung entsteht beim Untersuchenden wie beim Lesepublikum ökologisches Denken. Und für ein solches unterschiedlichste Disziplinen querendes Denken steht die Humboldt'sche Wissenschaft ein.

6 *die wilde Schönheit der Natur:* Zusätzlich wird zum Zusammenwirken von Natur und Kultur die Dimension des Ästhetischen eingeführt, die für Humboldt eine unbedingte Grundlage des Zusammendenkens bildet. Dabei steht im Humboldt'schen Sinne das Ästhetische niemals für sich allein, sondern ist eingebunden in die Vielfalt der Faktoren von Kultur und Natur, die die Voraussetzungen einer sich ausbildenden und vervollkommnenden Zivilisation ausmachen. Die Anschauung der Schönheit, die Ausbildung des Ästhetischen, stellt keinen Zierrat, keine verzichtbare oder überflüssige Größe dar, sondern bildet die Grundlage eines Zusammendenkens im Humboldt'schen Sinne.

7 *Tacarogia:* Fray Pedro Simón: franziskanischer Missionar, Historiker und Gelehrter, der 1574 in der spanischen Provinz Cuenca geboren wurde und wohl 1627 in Ubaté im heute zentralkolumbianischen Departamento Cundinamarca verstarb. Humboldt betrieb bei all seinen Untersuchungen ein ausführliches historisches Quellenstudium mit Schwerpunkt auf der spanischen Eroberung und Missionierung, das ihm später im *Examen critique* eine bis zu diesem Zeitpunkt einzigartige Übersicht über die frühen Entwicklungen und das insbesondere hispanische Schrifttum der europäischen Expansion in die beiden Amerikas verlieh. Der explizite Rückgriff auf Simón belegt, dass er alle von ihm zu untersuchenden Phänomene im modernen Sinne aus historischer Perspektive untersuchte. Der Fray Pedro Simón nennt den See wohl irrtümlich Acarigua und Tarigua (*Notic. histor.*, S. 533 und 688).

8 *der Neuenburger See in der Schweiz:* Humboldt wählte für seine häufigen Größenvergleiche gerne Orte, die seiner französischen und deutschen Leserschaft bekannt sein mussten. Dies war bei dem lange Zeit zu Preußen gehörigen Neuenburger See der Fall. 1814 war Neuenburg der Eidgenossenschaft beigetreten, war gleichzeitig aber auch preußisches Fürstentum, eine Tatsache, die ein Jahr später vom Wiener Kongress bestätigt wurde. 1857 verzichtete der preußische König auf seinen Besitz, behielt aber den Titel eines Fürsten von Neuenburg. So war Neuenburg fast ein halbes Jahrhundert lang – und während der Niederschrift von

Humboldts Text – formal ein Teil von Preußen. Die Heranziehung des Genfer Sees wiederum gehorcht vorrangig ästhetischen und literarischen Gesichtspunkten. Die Gegenüberstellung zweier unterschiedlicher Seeufer lehnt sich an Jean-Jacques Rousseaus (1712–1778) Bestseller der *Lumières*, an einen Verkaufsschlager der europäischen Aufklärung und damit an *Julie ou la Nouvelle Héloïse* aus dem Jahre 1761 an. Mit Rousseau erleben wir in diesem erfolgreichen Briefroman eine Ästhetisierung der alpinen Bergwelt. Eine vergleichbare Ästhetisierung außereuropäischer tropischer Gebirgslandschaften führte Bernardin de Saint-Pierre (1737–1814) 1789 mit seinem Roman *Paul et Virginie* und nach ihm Humboldt in seinen Schriften wie in seinem Reisebericht mit Blick auf die Anden-Bergwelt durch. Humboldt war mit beiden Werken bestens vertraut: Die »liebliche Landschaft« auf der fruchtbaren Seite des Genfer Sees wird von Humboldt in eine »liebliche« tropische Landschaft mit reichen Zuckerrohr-, Baumwoll- und Kaffeepflanzungen überführt. Dieser literarische *locus amoenus* wird mit Hilfe weiterer tropischer Pflanzen buchstäblich tropikalisiert, woraus Humboldt den eigenen Charakter dieser Landschaft und zugleich dieses komplexen Ökosystems *avant la lettre* gewinnt.

9 *vegetabilischen:* pflanzlichen.

10 *Signalstangen:* Verortungsstangen im See.

11 *vom Naturcharakter der gemäßigten und der heißen Zonen:* Die Bestimmung dieses Naturcharakters ist für Humboldt gleichbedeutend mit der Zusammenführung der unterschiedlichsten Faktoren, die eine Landschaft in den Tropen oder Außertropen prägen. Erst durch die Zusammenführung all dieser Aspekte aus Natur *und* Kultur ergibt sich eine Bestimmung dessen, was er gleichsam ökologisch herauszuarbeiten sucht. Zugleich wird die direkte Einwirkung auf den Betrachter, auf das menschliche Subjekt nicht aus dem Gesamtbild entfernt, sondern findet wesentlichen Eingang in die Analyse: Es geht Humboldt auch um das, was zur Seele des Menschen spricht und jenseits aller materiellen Messungen liegt: Das beobachtende Subjekt selbst ist Teil des Naturcharakters.

12 *Aus welchen Ursachen sinkt der Seespiegel?:* Die Erforschung von Geschwindigkeit und historischer Entwicklung der Absenkung des Wasserstandes bildet den Schwerpunkt der Humboldt'schen Erforschung des Valencia-Sees, wobei ebenso natürliche wie kulturelle, anthropogen verursachte Faktoren berücksichtigt werden. Zur Analyse der Veränderungen des Seespiegels werden daher nicht allein die damals von früheren Reisenden herangezogenen Messungen, sondern auch gänzlich andere, neuartige Überlegungen miteinbezogen, wie in der Folge gezeigt werden wird.

13 *Die Maße, die sich … ergeben:* Humboldt vergleicht seine Messungen mit früheren Untersuchungen der Kolonialbehörden, aber wo immer möglich auch mit Ansichten der ortsansässigen indigenen Bevölkerungen. Die *Amerikanischen Reisetagebücher* zeigen, dass er hierfür eigene Vorbehalte und Vorurteile, die er mit zahlreichen Vertretern der europäischen Aufklärung anfangs noch teilte, Schritt für Schritt überwinden musste. Humboldt zieht eine Vielzahl weiterer Quellen heran. Stets erfolgen Querverweise auf spanische Historiker und Chronisten wie Gonzalo Fernández de Oviedo y Valdés (1478–1557) – bei der genannten Jahreszahl der Veröffentlichung handelt es sich wohl um die von Humboldt benutzte Ausgabe – oder auf François de Pons (oder Depons, 1751–1812), dessen Reise (*Voyage à la partie orientale de la Terre-Ferme*) fast zeitgleich mit jener Humboldts und Bonplands erfolgte, dessen erster Band aber schon 1806 und damit deutlich vor der *Relation historique* veröffentlicht worden war. Humboldt griff folglich nicht nur auf historische, sondern auch auf neueste, zeitgenössische Quellen zurück, die er sorgsam miteinander in Beziehung setzte.

14 *leguas:* altes spanisches Maß (drei bzw. vier Meilen).

15 *Varas:* spanische Elle (Längenmaß).

16 *vor aller Geschichte:* vor jeder Geschichtsschreibung.

17 *ein festes Gleichgewicht … hergestellt hat:* Die Vorstellung eines Gleichgewichts der Kräfte der Natur ist bei Humboldt fest verankert; gleichwohl verweist er immer wieder auf Verschiebungen, nach denen sich dann wieder auf anderem Niveau ein neues Gleichgewicht eingestellt habe. Plötzliche Störungen weisen auf

Veränderungen, nach denen sich, so Humboldt, wieder ein neues Gleichgewicht einpendelt. Auf globaler Ebene benennt Humboldt in seinem Werk über *Zentral-Asien* und den für den vorliegenden Band ausgewählten Passagen daraus zahlreiche derartige Störfaktoren.

18 *für den Kontrast zwischen beiden Kontinenten:* Humboldt verstand Alte und Neue Welt als Teile ein und derselben Welt, welche denselben Gesetzmäßigkeiten unterliegt. Er wandte sich vehement gegen die in der europäischen Aufklärung noch vorherrschende Ansicht, die Neue Welt sei später aus den Fluten aufgestiegen (wovon Orinoco- oder Amazonasbecken noch zeugen würden) oder sei geologisch jüngeren Datums. Die von Humboldt ebenfalls attackierte Ansicht, alles in der Neuen Welt sei kleiner und schwächer, findet sich noch bei Georg Wilhelm Friedrich Hegel (1770–1831), bei dem Humboldt in Berlin mitunter Vorlesungen hörte. Hegel hatte ungeprüft zahlreiche Behauptungen und Vorurteile etwa eines Cornelius de Pauw (1739–1799) übernommen, über die sich Humboldt in Briefen an Freunde erregte.

19 *Soll man einfach annehmen ... eben nicht bemerkt worden?:* Humboldt geht bezüglich der Veränderungen des Wasserspiegels nicht von kontinuierlichen Absenkungen, die für die These der späteren Hebung der Neuen Welt aus den Wassern gesprochen hätten, sondern von diskontinuierlichen Entwicklungen aus, deren Wahrnehmung durch den Menschen er in neuerer Zeit verortet. In der Folge listet er eine Vielzahl von Beobachtungen des sinkenden Wasserspiegels in jüngster Zeit auf und verweist auf tropische Anbauflächen, wo sich vor kurzem noch die Wasserfläche des Sees ausgebreitet habe. Diese Beobachtungen werden durch genaue Messungen sowie Analysen von Indizien für frühere höhere Wasserstände ergänzt. Damit werden Ansichten der lokalen Bevölkerung entkräftet, es handele sich um ein Wunder (Humboldt war bisweilen etwas abergläubisch, an Wunder aber glaubte er nicht).

20 *Seit einem halben Jahrhundert ... von selbst austrocknet:* Humboldt kritisiert die Erhebung rein empirischer Daten ohne deren Überführung in eine allgemeine Theorie, die einer Gesetzlich-

keit der Schwankungen auf der Spur wäre. Es ist ein grotesker Irrtum, Humboldt allein auf Messungen und Zahlen zu reduzieren. Der Empiriker Humboldt, der durch seine beiden Reisen in die amerikanischen Tropen und in die asiatischen Außertropen die empirischen Voraussetzungen für seine Weltwissenschaft schuf, wendet sich hier deutlich gegen eine blinde Ausrichtung an sogenannten empirischen Fakten. Schon Humboldts Freund und früher Lehrmeister, der Begleiter auf James Cooks zweiter Reise um die Welt Georg Forster (1754–1794), hatte sowohl eine reine Ausrichtung an der Theorie als auch eine reine Ausrichtung an der Empirie kritisiert. Humboldt legt seine zugleich auf Analyse und Synthese gerichtete Vorgehensweise, die für sein Verständnis von Wissenschaft charakteristisch ist, in dieser Textpassage nochmals dar.

21 *den Mittelpunkt eines kleinen Systems von Flüssen:* Es geht Humboldt um eine systematische Erforschung des (noch zu erstellenden) hydrographischen Systems, wobei möglichst zahlreiche Komponenten in die Untersuchung einbezogen werden sollen. Weder ungezügelte Einbildungskraft noch kühne Hypothesen lässt Humboldt gelten. Er vergleicht derlei in Wissenschaftssprache übersetzte Volksmeinungen am Valencia-See mit denen am Kaspischen Meer, das er zum damaligen Zeitpunkt noch nicht kannte.

22 *der Zerstörung der Wälder:* Humboldt listet in der Folge eine Reihe anthropogener, also vom Menschen zu verantwortender beziehungsweise verschuldeter Ursachen auf, die zum sinkenden Wasserstand des Sees von Valencia beigetragen haben könnten. Dabei nennt er an erster Stelle die Abholzung, da diese nach seiner Einschätzung von direktem Einfluss auf das Wassersystem sein musste. Diese anthropogen verursachten Veränderungen treten zu naturräumlich bedingten »Störfaktoren« hinzu. Humboldt kritisiert dabei die Ansicht des bereits erwähnten französischen Reisenden Depons, der kurz nach ihm die Ursachen der Absenkung des Wasserspiegels untersuchte und wie einige Teile der ortsansässigen Bevölkerung von einem geheimen Abfluss des Seewassers ausging. Humboldt streicht vielmehr die anthropo-

genen Faktoren und insbesondere die vom Menschen verursachte Abholzung heraus, zumal er auf diesem Gebiet auch Handlungsmöglichkeiten der Bevölkerung gegen eine weitere Absenkung des Seespiegels erkannte. Pflanzen, einzeln stehende Bäume und vor allem Wälder werden von ihm als Klimafaktoren für eine Aufrechterhaltung des ökologischen Gleichgewichts als grundlegende Faktoren genannt. Bäume schützen vor heftiger tropischer Sonneneinstrahlung; doch macht der Preuße auch auf den notwendigen Schutz der Bäume in außertropischen Klimaten aufmerksam. Er kritisiert damit die unvorsichtige Zerstörung der Wälder durch europäische Kolonisten, ein Eingriff des Menschen, wie er auch heute noch in vielen Tropengebieten durchgeführt wird, begünstigt von der verbreiteten, aber irrigen Ansicht, tropische Böden seien *per se* fruchtbar. Verknappung des Wassers, stärkere Ungleichheit zwischen Regen- und Trockenzeiten oder erhöhte Bodenerosion mit allen Folgeerscheinungen werden von ihm als gefährliche Konsequenzen mit direkter Wirkung auf das Klima herausgestrichen.

23 *Indigoanbaus:* Indigo: pflanzlicher Farbstoff, in seiner reinen Form ein dunkelblau bzw. kupferrot schimmerndes Pulver.

24 *zerfurcht es … Felder verwüsten:* Infolge starker Abholzung entstehen starke Gegensätze zwischen Trockenfallen und Hochwässern der Flüsse und Bäche, deren eingependeltes System aus dem Gleichgewicht gebracht wird und in der Konsequenz ein neues Gleichgewichtsniveau suchen muss. Wie stets argumentiert Humboldt mit dem Vergleich zwischen unterschiedlichen Areas, indem er etwa Alpen und Anden miteinander in Beziehung setzt und dabei auf ein anderes mehrbändiges Werk aus eigener Feder, auf seinen *Politischen Versuch über das Vizekönigreich Neuspanien*, verweist. Der rapide Ausbau tropischer Landwirtschaft habe die Situation binnen kurzer Zeit verändert: Die Eingriffe des Menschen in das, was wir heute als Ökosystem bezeichnen würden, waren laut Humboldt gravierend und veränderten das zuvor bestehende Gleichgewicht.

25 *um die Felder zu bewässern:* Die Intensivierung der Pflanzungen und Plantagen sowie die Zunahme der Bevölkerung besonders ab

der zweiten Hälfte des 18. Jahrhunderts führte laut Humboldt zu einem übermäßigen Gebrauch der Ressource Wasser durch den Menschen. Humboldt bewunderte die indigenen Bewässerungsanlagen, die er in den Andengebieten beschrieb, die größtenteils aber von den Spaniern zerstört worden waren. Er kritisierte also nicht jegliche Bewässerung zum landwirtschaftlichen Anbau von Produkten, wohl aber eine Form, die den Naturverhältnissen nicht angepasst ist. Früher bereits habe sich die Umlenkung eines ganzen Flusses zur Bewässerung einer Plantage negativ auf den gesamten Wasserhaushalt des Systems rund um den Valencia-See ausgewirkt. Humboldt betont diese anthropogenen Eingriffe, um die (noch gegebene) Umkehrbarkeit menschlichen Einflusses herauszustellen. Denn mit der Umlenkung war eine Störung nicht nur des quasi autonomen hydrographischen Systems verbunden. Gemeinsam mit seinem Freund, dem Mitbegründer der modernen wissenschaftlichen Geographie Carl Ritter (1779–1859), legt Humboldt den Forschungsschwerpunkt auf die gezielte Veränderung derartiger Systeme. Dabei verfolgt er derartige Entwicklungen in verschiedenen Areas auf unterschiedlichen Kontinenten in einer Form, die heutigen sogenannten transarealen Studien eigen ist.

26 *Bifurkationen:* Gabelungen.

27 *wie ich es auch … beobachten konnte:* Humboldt verweist auf seine ausgedehnten Studien des schwindenden Wasserstands der Seen im Hochtal von Mexiko. Auch dort wandte er sich den vom Menschen verursachten Eingriffen in den Wasserhaushalt zu und führte auf kulturelle Prägungen der Spanier, die aus einem trockenen Land stammten, die massiven Versuche zurück, die Seen des Hochtals zum völligen Verschwinden zu bringen. Die Verknüpfung menschlicher Eingriffe, die auf unterschiedliche Weise kulturell bedingt sind, mit natürlichen Entwicklungen wird immer wieder in den Mittelpunkt gestellt und damit ein komplexes Verwobensein natürlicher und kultureller Faktoren in den Fokus gerückt.

28 *Marqués del Toro:* Humboldt war Gast des Marqués Francisco Rodríguez del Toro (1761–1851), der mit seinen Sklaven in dieser Re-

gion Plantagen betrieb und zur Elite des damaligen Vizekönigreiches gehörte. Humboldt hatte sich mit del Toro , der aus einer einflussreichen und begüterten Familie stammte, angefreundet. Der Preuße lehnte die Sklaverei in den Amerikas zwar scharf ab, verschaffte sich durch seine Freundschaften mit Sklavenhaltern wie auch auf Kuba aber wichtige Einblicke und Informationen über die ökonomischen Grundlagen der Sklaverei. Dem Marqués wiederum war an der Freundschaft mit dem europäischen Reisenden gelegen, da er Hinweise zur Modernisierung seiner Pflanzungen benötigte und mit Humboldt über notwendige Modernisierungen diskutieren konnte. Humboldts Ratschlägen zur Wiederaufforstung weiter Gebiete um den Valencia-See wurde offenkundig bis ins 20. Jahrhundert nicht entschlossen Folge geleistet. Der Natur- und Kulturforscher sollte aber mit seiner Prognose, dass der See nicht verschwinden werde, recht behalten.

29 *Der See von Valencia … den Reiz der Landschaft erhöhen:* Humboldt förderte eine Reihe europäischer Landschaftsmaler wie Moritz Rugendas (1802–1858) oder Ferdinand Konrad Bellermann (1814–1889), die unter anderem auch im heutigen Venezuela tätig wurden, und riet ihnen, sich ausschließlich in die *malerischen* Landschaften der Tropen zu begeben und die Außertropen zu meiden. Die ästhetische Dimension ist fester Bestandteil der Humboldt'schen Vorstellungen von dem, was wir heute als Ökosystem bezeichnen würden: Sie ist für ihn unmittelbar mit dem Naturcharakter verbunden. Der Mensch – wie etwa die Bewohner der Insel Burro – ist Teil ebenso des malerischen Charakters wie des gesamten Ökosystems, denn seine Tätigkeiten haben direkte Auswirkungen auf das Zusammenspiel unterschiedlichster Faktoren dieser Landschaft. Gerade Seenlandschaften stellten für Humboldt zentrale Bereiche seiner ästhetischen Durchdringung sogenannter Naturgemälde dar (vgl. in diesem Band den dritten Text bzw. S. 55). Als letztes Textbeispiel dieses Bandes wird eine frühe, aus den neunziger Jahren des 18. Jahrhunderts stammende gleichartige Szene am Vierwaldstätter See geboten. Humboldt versuchte oft, durch die Einfügung von Anekdoten aus dem Leben der Menschen seinem Reisebericht nicht nur einen lebendi-

geren Charakter, sondern auch Hinweise zu den Formen und Normen menschlichen Lebens in solchen »malerischen« Landstrichen zu geben.

30 *Mestizenfamilien:* Mestize: besonders in Lateinamerika Nachkomme eines weißen und eines indigenen Elternteils.

31 *im Allgemeinen sehr fischreich:* Häufig schließt Humboldt an die Schilderung des Menschen eine Darstellung der Tierwelt an. Dabei versucht er, auch auf dieser Ebene Herkunft, Verbreitung und Charakteristika der Tierwelt *in der Landschaft* darzustellen. Es gibt für Humboldt nichts Stabiles in der Natur: Alles ist mobil, alles ist in Bewegung. Von der Schilderung der Bewohner des Sees geht er zu den Übergangsbereichen zwischen Wasser und Land über, um sich sodann auf geomorphologische Formbildungen zu konzentrieren, welche den Blick auf die Tierwelt zwischen Wasser und Luft freigeben. Die von Humboldt schriftstellerisch entfalteten Abfolgen entsprechen niemals starr einer erkennbaren Systematik, sind aber keineswegs zufälliger Natur. Auch das wohl früheste von Humboldt als *Naturgemälde* bezeichnete literarische Bild am Ausgang dieses Bandes weist eine derartige Struktur und Anordnung auf. Zudem wird immer wieder der Blickwinkel des Menschen, etwa die Beschreibung herrlicher tropischer Abende, in den literarischen Entwurf eingeblendet. Im Blick und Erleben des Menschen werden unterschiedliche Landschaftselemente immer wieder zusammengeführt.

32 *Gestade:* Ufer.

33 *Unter den Pflanzen ... mehrere nur hier vor:* Humboldt führt nun die Besonderheiten der Pflanzenwelt ein, wobei er seines Lehrers Carl Ludwig Willdenow (1765–1812) gedenkt, der wenige Jahre vor Abfassung des Reiseberichts in Berlin verstarb. Im Vordergrund stehen dabei tropische Früchte und deren Anbau. Humboldt gibt für die verstopfende Wirkung einer Frucht den umgangssprachlichen Ausdruck *tapaculo* an, der auf Spanisch soviel wie »Arschverstopfer« bedeutet (häufig greift Humboldt auf das Wissen und die Ausdrucksweisen ortsansässiger Bevölkerungen zurück).

34 *Jacquin:* Nikolaus Joseph Freiherr von Jacquin (1727–1817), österreichsicher Botaniker und Forschungsreisender.

35 *Erst bei genauer Untersuchung ... eigentümliche Arten:* Humboldt verweist auf die Nähe mancher Gewächse zu analogen Pflanzen in der Alten Welt und gibt als bibliographischen Hinweis seine mit Aimé Bonpland (1773–1858) erarbeiteten *Nova Genera et Species Plantarum* an, welche – ab 1813 unter der Mithilfe von Karl Sigismund Kunth (1788 – 1850) – ebenfalls erst lange nach Abschluss der Reise in die amerikanischen Tropen ab 1815/16 erscheinen konnten. Die letzte Lieferung dieses Werkes erschien 1826.

36 *Die Bewohner der Täler von Aragua:* Humboldt geht auf Anregung der Einwohner auf mikroklimatische Differenzierungen ein, die in seinem Denken stets eine wichtige Rolle spielen. Dabei kommen unterschiedliche Faktoren zur Sprache, die das jeweilige Mikroklima und die damit zusammenhängenden landwirtschaftlichen Anbaumöglichkeiten beeinflussen. Sein Interesse für diese Ausdifferenzierungen und die damit verbundenen Faktoren kam ihm bei der Anlage umfangreicherer Panoramen wie seinem *Naturgemälde der Tropenländer* zugute.

37 *Nach dem erdrückenden ... Tabak anbauen:* Humboldt kritisierte verschiedentlich die den Kolonien vom Mutterland auferlegten Steuern, die etwa den Tabakanbau im Norden Südamerikas behinderten. Er vertrat dabei oftmals Positionen der Kreolen, also der in den Kolonien geborenen Spanier, die wirtschaftlich gesehen dominierten, aber politisch gesehen ohne jeden Einfluss waren und die sich für bessere Wettbewerbsmöglichkeiten stark machten. Die hohen Steuerabgaben begünstigten den Schmuggel, der gerade entlang der Nordküste Südamerikas erhebliche Ausmaße angenommen hatte. Das prohibitive Kolonialsystem Spaniens unterband eine Vielzahl fortschrittlicher Anbaualternativen, die zur Modernisierung der Kolonien landwirtschaftlich möglich und wirtschaftlich notwendig gewesen wären.

38 *Unter den Zuflüssen ... besondere Aufmerksamkeit:* Humboldts einer wirtschaftlichen Modernisierung verpflichtetes Denken zielt auf eine möglichst optimale Nutzung des natürlichen Reichtums ab. Daraus ergeben sich eine Reihe von Reibungspunkten mit Vorstellungen, die auf den Schutz von bestehenden Ökosystemen abzielen. Denn zweifellos handelt es sich um Modernisie-

rungsvorstellungen, die bisweilen entgegengesetzt zum Gedanken der Ökologie verlaufen. Freilich versucht er, wirtschaftliche Ausbeutung und Nachhaltigkeit der Nutzung unter den damals gegebenen Bedingungen möglichst weit miteinander auszugleichen. Geologische und mineralogische Beobachtungen mischen sich in dieser Passage mit pflanzengeographischen wie landschaftsästhetischen Aspekten und charakterisieren die Einbettung der von ihm untersuchten Thermen, deren Temperatur in Regenzeit und Trockenzeit kaum variiert. Humboldt vergleicht diese heißen Quellen mit denen europäischer Heilbäder. Die Ergebnisse der eigenen, auf der Reise gemachten Untersuchungen ließ Humboldt durch französische Chemiker überprüfen. Im Bereich der heißen Quellen untersuchte er aber auch die Auswirkungen auf das Mikroklima, die Pflanzen- und Tierwelt sowie die Atmosphäre. Humboldt wäre aber nicht Humboldt, würde er nicht die unglücklichen Sklaven erwähnen, die in der Region ihrer mühseligen Sklavenarbeit auf den Plantagen nachgehen und in diesen heißen Quellen nach Erfrischung suchen. Wie stets erprobten auch Humboldt und Bonpland die Wirkung der Thermen an diesem Ort, wo sie ausgiebig botanisieren konnten.

39 *Fontana'schen Eudiometers:* Luftgütemesser, in der verbesserten Form des italienischen Naturforschers Felice (oder Felix) Fontana (1730–1805).

40 *Bittererde:* Magnesiumoxid.

41 *Reagenzien:* allgemein Stoffe, die zur Identifikation eines anderen Stoffes verwendet werden.

42 *Roxburgh:* William Roxburgh (1751–1815), schottischer Arzt und Botaniker.

43 *ein kleiner Mulatte:* Das Einflechten von Anekdoten gibt Humboldts Reisebericht größere Lebendigkeit und erlaubt zugleich, das Wissen der Reisenden mit dem einer ortsansässigen Bevölkerung in Beziehung zu setzen. Gleichzeitig wird das Zusammenleben der Menschen mit den unterschiedlichsten natürlichen (Lebens-)Bedingungen herausgearbeitet und damit jene Einbeziehung des Menschen praktiziert, die für Humboldts ökologisches Denken *avant la lettre* so charakteristisch ist. Die Be-

schreibung eines bestimmten Ökosystems schließt bei Humboldt in aller Regel Überlegungen zur Konvivenz, d. h. zum Zusammenleben natürlicher wie kultureller Faktoren mit ein. Die Bemühungen des Großgrundbesitzers gehen dahin, die vorhandenen Strukturen für sich zu nutzen und die Thermen zu einem Erholungs- und Genesungsort für Wohlhabende zu machen. Damit wiederum könnten ökologische Veränderungen und Störungen des beobachteten Gleichgewichts einhergehen.

Zentral-Asien.

30 Jahre nach seiner Reise in die amerikanischen Tropen, die 1799 begann, brach Humboldt 1829 zu seiner zweiten transkontinentalen Forschungsreise durch das Russische Reich bis an die Grenzen Chinas auf. Diese Reise nicht nach Westen, sondern nach Osten in die Außertropen hatte einen gänzlich anderen Charakter, da sie auf Einladung wie auf Kosten des russischen Zaren durchgeführt wurde und in weiten Teilen mit Vertretern der russischen Staatsmacht abgestimmt werden musste. Mit 12 244 Pferden und Halt auf 658 Poststationen überwanden die Forscher im Russischen Reich insgesamt über 18 000 Kilometer, die sie über Moskau, Kasan und Perm, über den Ural und das Altai-Gebirge bis zur chinesischen Grenze führte, von wo aus man über Miask, Orenburg und Astrachan am Kaspischen Meer sowie schließlich erneut über Moskau und St. Petersburg nach Berlin zurückkehrte*. Verglichen mit der Schnellzuggeschwindigkeit, mit der das Russische Reich mit zahlreichem begleitendem staatlichen Überwachungsapparat durchquert wurde, war die Reise in die beiden Amerikas eine Reise im Zeitlupentempo gewesen. Doch Humboldt blieb keine Wahl: Dies war seine letzte Chance, nach Zentral-Asien vorzudringen.

* Vgl. die Zusammenschau des gesamten Reiseverlaufs in Hanno Beck, *Alexander von Humboldts Reise durchs Baltikum nach Russland und Sibirien 1829*, mit 36 Abb. und 3 Karten, Stuttgart 1983; sowie Christian Suckow, »Alexander von Humboldt und Rußland«, in: Ottmar Ette / Ute Hermanns / Bernd M. Scherer / Chr. S. (Hrsg.): *Alexander von Humboldt – Aufbruch in die Moderne*, Berlin 2001, S. 247–264.

Der Mineraloge Gustav Rose (1798–1873) und der Botaniker und Zoologe Christian Gottfried Ehrenberg (1795–1876) bildeten gemeinsam mit Humboldt ein Forscherteam, das von seinem treuen Diener und Faktotum Johann Seifert (um 1800–1877) ergänzt wurde. Sie waren am 12. April von Berlin aus zu ihrer russisch-sibirischen Reise aufgebrochen, von der sie kurz vor Jahresende, am 28. Dezember 1829, wieder in die preußische Hauptstadt zurückkehren sollten. Humboldts empirische Erfahrung bezog sich damit nicht nur auf die amerikanische Tropenwelt, die er in nord-süd-nördlicher Richtung durchquerte, sondern auch auf das außertropische Asien, das er in west-ost-westlicher Richtung durchreiste. Damit hatte er weite Teile des Planeten aus eigener Anschauung kennengelernt und wissenschaftlich untersucht.

Humboldt war auf seiner Russisch-Sibirischen Forschungsreise nicht nur gezwungen, eine Vielzahl offizieller Empfänge, die zu seinen Ehren abgehalten wurden, zu besuchen; er hatte sich auch verpflichtet, anders als auf der Reise in die Äquinoktial-Gegenden des Neuen Kontinents keine Kritik an den Herrschaftsverhältnissen und insbesondere am herrschenden Gesellschaftssystem zu äußern. Jegliche politische Äußerung war tabu. So beauftragte er den Mineralogen Gustav Rose mit der Abfassung des eigentlichen Reiseberichts, um sich selbst unter diesen Zensurbedingungen auf andere Ergebnisse der Reise konzentrieren zu können.

Im Verlauf der 1830er Jahre arbeitete Humboldt noch an seinem *Opus Americanum*, das trotz der Veröffentlichung von 30 stattlichen Bänden, deren Veröffentlichung sich wegen der immensen Kosten nicht einmal Humboldt selbst leisten konnte, Fragment blieb. Zugleich entwarf er schon bald nach der Veröffentlichung seiner *Fragmens de géologie et de climatologie asiatiques* den Plan für die Arbeit an seinen ebenfalls in französischer Sprache abgefassten Bänden über Zentral-Asien, die 1843 in drei ebenfalls unvollständig gebliebenen Bänden unter dem Titel *Asie Centrale. Recherches sur les Chaînes de Montagnes et la Climatologie Comparée* in Paris erschienen. Humboldt hatte an diesem Werk vor allem seit der zweiten Hälfte der 1830er Jahre gearbeitet. Die im Untertitel erkennbare Ausrichtung an geologischen und klimatologischen Fragen legte jenseits der von Humboldt ausgebreiteten asiatischen Kenntnisse eine Ausrichtung an weltumspannenden Fragehorizonten nahe, so dass ständige transareale Vergleiche insbesondere zwischen Asien und Amerika das Werk bestimmten[*]. Die Übersetzung ins Deutsche besorgte Dr. Wilhelm Mahlmann, laut Titelblatt ein Mitglied der wesentlich vom Geiste Carl Ritters und Alexander von Humboldts geführten Gesellschaft für Erdkunde zu Berlin. Aus der von ihm besorgten Ausgabe werden die Seiten 79 bis 86 sowie 212 bis 217 abgedruckt.

1 *Alles ... Isothermen-Kurven hervor:* Zur Erforschung der Wärmeverteilung auf dem Erdkörper geht Humboldt in seinen weltumspannenden Überlegungen zunächst von einer mathematischen Theorie aus, wie die Verteilung der Wärme auf einer idealen und homogenen Erdkugel sein müsste. Seit 1817 hatte er die Vorstellung

[*] Vgl. Ottmar Ette, »Amerika in Asien. Alexander von Humboldts ›Asie centrale‹ und die russisch-sibirische Forschungsreise im transarealen Kontext«, in: *HiN – Alexander von Humboldt im Netz. Internationale Zeitschrift für Humboldt-Studien* VIII (Potsdam/Berlin 2007), 14, S. 37. http://www.hin-online.de.

von Isothermen entwickelt und in eine Kartographie unseres Planeten übersetzt. Sie erlaubte es – daher der Begriff der Isothermenlinien –, die Punkte gleicher mittlerer Jahrestemperatur miteinander zu verbinden. Durch die konsequente Weiterentwicklung der Meteorologie wurde Humboldt zum Begründer der modernen Klimatologie. Noch heute sind Isothermen für Berechnungen von Veränderungen der Wärmeverteilung auf unserem Planeten aus der Wissenschaft nicht wegzudenken. Fragen der Verteilung der Wärme auf unserem Planeten sind vorrangige Erderwärmungsfragen und bereiten damit Problemstellungen der heute beobachtbaren Klimaveränderungen bzw. der planetarischen Temperaturerhöhung vor. All dies setzte ein globales Netzwerk aus Beobachtungsstationen voraus, das auf Betreiben Humboldts im Anschluss an seine Russisch-Sibirische Forschungsreise zusammen mit Beobachtungspunkten des Erdmagnetismus in der Tat eingerichtet wurde. Humboldt arbeitete in den nachfolgenden Jahrzehnten an einer ständigen Verfeinerung der Berechnungen und Zahlenverhältnisse seiner Isothermen und griff dabei auch auf mathematische Berechnungsarten zurück, die Johann Carl Friedrich Gauß (1777–1855) in Göttingen entwickelt hatte. Abweichungen oder Inflexionen führte er auf empirisch zu untersuchende räumliche Gegebenheiten zurück. Die Analyse der »Wirkung von Wärme oder Kälte erregenden Ursachen« erörtert Humboldt dann im weiteren Fortgang seiner Argumentation.

2 *konkaven:* nach Innen gewölbt.

3 *konvexen:* nach Außen gewölbt.

4 *mit der Ansicht einer Karte ... vorhersagen könnte:* Humboldts Entwurf einer ständig zu verbessernden Isothermenkarte bildet im Zusammendenken mathematischer Berechnungen und empirischer Untersuchungen die Grundlage der von ihm konzipierten Vergleichenden Klimatologie. Aufgrund der zum damaligen Zeitpunkt noch sehr lückenhaften Messungen und Beobachtungen stellte die Möglichkeit, den Verlauf der isothermen Linien vorauszusagen, eine wichtige Möglichkeit dar, um die Wärmeverteilung auf dem Planeten möglichst präzise zu ermitteln. Die Isothermen verbinden die Linien mittlerer Jahrestemperatur, die Isochimenen

die Orte gleicher mittlerer Wintertemperatur miteinander. Jahreszeitliche Schwankungen sind für die Vergleichende Klimatologie von größter Bedeutung. Wie stets bei dem von Inseln faszinierten Humboldt werden bezüglich dieser Schwankungen Inselklimate und kontinentale Klimate einander gegenübergestellt. Die Korrelationen von mittlerer Winter-, Sommer- und Jahrestemperatur bilden die Grundlagen für ein immer feiner ausdifferenziertes Verständnis der Klimate auf unserem Planeten und für planetarische Veränderungen, wie wir sie heute feststellen müssen.

5 *Isotheren- und Isochimenen-Kurven:* Isotheren sind Verbindungslinien zwischen Orten gleicher mittlerer Sommertemperatur; hier werden Sommer- und Wintertemperatur miteinander in Beziehung gesetzt, um aus deren Korrelation Rückschlüsse auf die jahreszeitlichen Schwankungen der mittleren Jahrestemperatur zu ziehen.

6 *Oszillationen:* schnelle Schwingungen bzw. Hebungen und Senkungen.

7 *Die meisten ... Teile:* In dieser Passage entwickelt Humboldt sein Verständnis eines Zusammendenkens theoretischer und empirischer Analyse. Der entschiedene Kritiker des Systemdenkens der Aufklärung versuchte damit, einer alleinigen Ausrichtung an theoretischen Überlegungen ebenso wie einer rein empiriegestützten Analyse zu entgehen, deren grundlegende Einbeziehung für den Empiriker Humboldt freilich stets unverzichtbar blieb. Die Vergleichende Klimatologie Humboldt'scher Prägung verzichtet daher weder auf die »mathematische Theorie« bezogen auf homogen gedachte Oberflächen noch auf die empirische Analyse der Störfaktoren, welche Humboldt in der Folge auflistet. Dabei gehen ebenso Berechnungen der Verteilung der Wärme im Erdinnern in die Berechnungen wie die Abstände von Hochplateaus oder Tiefebenen vom errechneten Erdmittelpunkt ein. Die Abhängigkeiten der Temperaturverteilung etwa von Jahreszeiten oder geographischer Breite sind naturgemäß berechenbar. An dieser Stelle wird deutlich, dass die Humboldt'sche Wissenschaft eine Weltwissenschaft ist und folglich unseren gesamten Planeten mit seinen der Natur wie auch der Kultur geschuldeten Phänomenen komplex zusammendenkt.

8 *in diesem Labyrinth von störenden Ursachen:* Humboldt versucht, Orientierung in diesem Labyrinth zu geben und das Zusammenwirken unterschiedlichster Ursachen zu erläutern. Zu diesem Zweck müssen Theorie und Empirie zusammengeführt werden. Exemplarisch werden Orte ausgewählt, die sich durch »entgegengesetzte Bedingungen und Umstände« auszeichnen. Dabei geht es Humboldt um die Messung des *Totaleffekts*, eine Wortbildung, welche an die Erzeugung eines *Totaleindrucks* beim Beobachter etwa des von Humboldt entworfenen und bereits erwähnten *Naturgemäldes der Tropenländer* erinnert. Die Orientierung am Totaleffekt soll dabei nicht die möglichst präzise Analyse einzelner Faktoren unterbinden. Erst die mathematische Mittelung ermöglicht den Zugang zu diesem Totaleffekt und damit die Vergleichende Klimatologie unterschiedlichster Orte, die auf Inseln oder Kontinenten, an West- oder Ostküsten, in Wäldern, an Sümpfen oder in Trockensavannen liegen.

9 *Media:* Mittelwerte.

10 *Mairan:* Der französische Geophysiker Jean Jacques d'Ortous de Mairan (1678–1771) war seit 1718 Mitglied der *Académie Royale des Sciences* und Herausgeber des renommierten und für die europäische Aufklärung wichtigen *Journal des Scavans.*

11 *Lambert:* Das Werk *Pyrometrie oder vom Maaße des Feuers und der Wärme* des Königl. Preußischen Oberbaurats Johann Heinrich Lambert (1728–1777) wurde 1779 in Berlin vorgelegt. Als schweizerisch-elsässischer Mathematiker, Physiker und Philosoph der Aufklärung zählte Lambert zu den herausragenden Mathematikern seiner Zeit und leistete Entscheidendes für die Bestimmung von mathematischen Mittelwerten.

12 *Vergliche man … Temperaturunterschiede:* Humboldt griff bei der Ausarbeitung seiner mathematischen Theorie, die er als Modell für die Verteilung der Wärme benötigte, auf die Arbeiten von Marian und Lambert, aber auch auf die Modelle des bereits erwähnten Gauß zurück, um die statistischen Abweichungen der Mittelwerte präziser ermitteln und um ein Modell der idealtypisch angenommenen Erdkugel erstellen zu können.

13 *zirkumpolare:* um die Pole herum sich befindende.

14 *pelagische:* zum Meeresboden gehörige.

15 *die auf dem nackten ... Orten trennte:* Humboldt baut hier Ergebnisse seiner Reise in die amerikanischen Tropen und insbesondere durch die Kordilleren der Anden ein, die er nicht wie üblich gequert bzw. überstiegen hatte, sondern deren Längserstreckung er mit großem Aufwand gefolgt war. Zusammen mit dem von ihm noch auf der Reise in seiner Urform konzipierten *Naturgemälde der Tropenländer* ergeben die Überlegungen, die der preußische Forscher in *Asie Centrale* anstellt, ein umfassendes Bild der naturräumlichen wie kulturräumlichen Situation in den beiden Amerikas. Die Begeisterung Humboldts für die Welt der Tropen ist auch in diesen Zeilen über Zentral-Asien unverkennbar zu spüren.

16 *Undulationen:* Wellenbewegungen, Schwingungen.

17 *vereinigen sich ... modifiziert:* Humboldt lässt keinen Zweifel daran, dass die Komplexität der das Klima beeinflussenden Faktoren enorm ist, so dass er zwar eine gesonderte Betrachtung all dieser Faktoren anrät, aber stets auf dem Zusammendenken und damit einem Denken der Komplexität beharrt. Er führt dies an der wechselseitigen Beeinflussung unter anderem von Meeres- und Luftströmungen vor Augen. Die Komplexität der naturräumlichen Verhältnisse wird durch Eingriffe des Menschen nochmals wesentlich erhöht, eine Tatsache, die auch heute noch ein Problem aller Berechnungen und Vorhersagen darstellt. Auf dieses Faktum bereitet Humboldt an dieser Stelle seine Leserschaft bereits vor.

18 *peninsularen:* halbinsel-artigen.

19 *Wegen einer ähnlichen ... steigern:* In dieser Passage zeichnet sich die konkrete Stoßrichtung der Vergleichenden Klimatologie Humboldt'schen Typs ab. Denn nun werden die Verläufe von Isothermen auf unterschiedlichen Kontinenten miteinander in Beziehung gesetzt. Dies kann nur durch die Zusammenführung allgemeiner Theorie und konkreter Empirie bewerkstelligt werden. Humboldt führt an dieser Stelle die Bedeutung des Erdmagnetismus ein, für dessen weltumspannende Beobachtung er sich bereits während seiner Reise durch das russische Reich erfolgreich

einsetzte. Die kartographische Erfassung des Erdmagnetismus folgt den allgemeinen Überlegungen zu den isothermen Linien.

20 *Deklination, Inklination:* Begriffe für die Beschreibungen der Winkel zur Lage eines Magnetfeldes im Raum.

21 *Sicherlich sind ... vorgegangen:* An dieser Stelle bringt Humboldt vom Menschen ausgelöste und zu verantwortende Wirkungen und Faktoren ins Spiel. Der Begriff »Anthropozän« wurde 1873 von dem italienischen Geologen Antonio Stoppani (1824–1891) geprägt, stand Humboldt also noch nicht zur Verfügung. Mit Humboldts Einbeziehung menschlicher Aktivitäten erhöht sich die Komplexität seines gesamten Modells, auch wenn die anthropogenen Faktoren zum damaligen Zeitpunkt nur verhältnismäßig geringe Auswirkungen besitzen. Dennoch haben sich laut Humboldt bereits messbare Verschiebungen etwa der mittleren Jahrestemperaturen im Winter ergeben.

22 *Ägide:* Leitung, auch Schutz.

23 *Wenn man die Umstände ... klassifiziert:* Humboldt zählt hier die nach seiner Analyse vorherrschenden Parameter für den Verlauf der isothermen Linien auf. Neben den bestimmenden Faktoren des Ineinandergreifens von Land und Meer in tropischen wie in außertropischen Zonen und der Konfiguration der Kontinente nennt er vom Menschen bereits stark beeinflussbare Parameter wie die »Seltenheit von Sümpfen« oder der »Mangel an Wäldern auf einem trockenen Sandboden«, wobei er jeweils an seine Heimatregion rund um Berlin gedacht haben dürfte. Der erste Text der in diesem Band vorgelegten Auswahl belegt sein frühes Erkennen vom Menschen auf diesem Gebiet ausgelöster und nicht nur mikroklimatisch zu beobachtender Veränderungen. Selbstverständlich nennt er immer wieder den Verlauf der Gebirgsketten, welche er im Untertitel von *Asie Centrale* in ihrer Beziehung zur Vergleichenden Klimatologie bereits erwähnte. Im weiteren Fortgang der Argumentation versucht Humboldt, sich auf die Einflüsse des Bodens, aber auch vor allem der Luft- und Meeresströmungen zu konzentrieren und damit ein Modell zu verwenden, das von Grund auf ein mobiles Modell ist und auf der allseitigen Bewegung aller Kräfte beruht. Man kann in diesem Zusam-

mendenken von Faktoren zweifellos den Entwurf eines *Systems Erde* erkennen. In diesem Zusammenhang betont Humboldt nicht ohne Stolz, dass die empirische Grundlage seiner Untersuchungen die »weiten Landreisen« in die amerikanischen Tropen wie in die außertropische Welt Asiens bildeten, von denen die in diesem Band getroffene Textauswahl berichtet.

24 *die Konfiguration ... zeigt:* Humboldt beginnt diesen Teil seines Werks über Zentralasien mit einem Überblick über die Gestaltung oder Konfiguration dieser Teilregion des asiatischen Kontinents, wobei er deren Ausgestaltung mit Gebirgsketten und Ebenen, zwischengeschalteten Binnenmeeren und hohen Bergen für die klimatischen Besonderheiten dieses Raumes verantwortlich macht. Er verbindet dadurch die beiden thematischen Elemente des Untertitels von *Asie Centrale*, die Gebirgsketten und die Vergleichende Klimatologie, direkt miteinander. Darüber hinaus verknüpft er in einer für ihn charakteristischen Weise die Geognosie, also die Lehre von Struktur und Aufbau der stabilen Erdkruste und ihrer geomorphologischen Ausformungen, die Untersuchung des Klimas der Erde sowie die für ihn so wichtige Pflanzengeographie so miteinander, dass sie in gegenseitiger Wechselwirkung stehen. Humboldt führt in dieser Passage seines Werkes die Ergebnisse und Einsichten von Vorträgen zusammen, die er im hochrenommierten Institut National zu Paris gehalten hatte. Damit reichen die Arbeiten, die entscheidend für die Abfassung von *Asie Centrale* wurden, bis in den Beginn seiner zahlreichen Aufenthalte in Paris zurück, wo er die entscheidenden Aspekte seines Werkes im weiteren Verlauf der 1830er Jahre, insbesondere nach 1838, entwickelt hatte. Humboldt korrigierte die genauen Zahlenergebnisse seiner Forschungen fortlaufend, da er an möglichst präzisen Zahlenverhältnissen interessiert war, und bekannte einmal: *J'ai la fureur des chiffres* – ich bin zahlenverrückt. Zahlenverhältnisse bilden freilich nur die exakte Grundlage der eigentlichen Humboldt'schen Wissenschaft.

25 *Höhentafel ... gegründet:* Diese Tabelle soll einen Eindruck vermitteln von der empirisch stets abgesicherten Arbeitsweise Humboldts, in welcher möglichst präzisen Messungen eine ge-

wichtige, wenn auch stets dienende Rolle zukam. Sie beruht auf Messungen des Forschungsreisenden selbst sowie auf anderen Messungen, mit deren Hilfe er aufgrund der damals noch dürftigen Datenlage gleichwohl ein weit gespanntes Bild der Welt entwirft. Derartige Tabellen oder *Tableaux* (Gemälde) prägen die transareale Arbeitsweise des preußischen Forschers nicht nur in seinem Werk über Zentral-Asien (vgl. hierzu die Potsdamer Dissertation von Tobias Kraft: *Figuren des Wissens bei Alexander von Humboldt. Essai, Tableau und Atlas im amerikanischen Reisewerk*, Berlin/Boston: Walter de Gruyter, 2014). Diese tableauförmigen Anordnungen erlauben in Humboldts Sinne der Leserschaft, einen *Totaleindruck* von den beschriebenen Erscheinungen zu gewinnen. Das von Humboldt entworfene Bild steckt noch heute in unseren erheblich stärker daten- und computergestützten Visualisierungen von Klima und Klimaveränderungen. Die ursprüngliche rechte Spalte wurde hier gestrichen, da sie sich auf Seitenzahlen im Originalband bezieht.

26 *Zahlenelemente ... scheinen:* Immer wieder betont Humboldt die Zahlenverhältnisse in seinem Werk, da er aus der Relation verschiedener, möglichst präzise anzugebender Zahlenangaben seiner Messungen Rückschlüsse auf allgemeine Gesetze zu ziehen sucht. Wie die Auflistung unterschiedlicher Parameter zeigt, war sich der Gelehrte durchaus der Komplexität der von ihm beschriebenen Phänomene bewusst, so dass die Zahlenverhältnisse für ihn lediglich Indizien für grundlegendere Gesetzmäßigkeiten im *System Erde* darstellten.

27 *Cordillere der Andes von 19° n. bis 54° s. Br.:* Diese Tabelle zur Andenkette in den Amerikas wird mit hohen Gebirgszügen Asiens wie dem Himalaya, aber auch mit Kaukasus und Pyrenäen in Beziehung gesetzt. Humboldt unternimmt den Versuch, ebenso in der südlichen wie in der nördlichen Hemisphäre eine Vielzahl von Daten zur Verteilung der Wärme über die Erdoberfläche zu bieten, um damit Veränderungen im Weltmaßstab nachgehen zu können. Die Isothermen bilden in Verbindung mit den Prinzipien seiner Vergleichenden Klimatologie das Grundmuster und die Grundlage vieler Einsichten und Aspekte, die unser heutiges

Verständnis der Wärmeverteilung auf unserem Planeten bzw. das prägen, was Humboldt allgemein (und angesichts heutiger Begriffsverwendungen verwirrend) die »Physik des Erdballs« nannte.

28 *t.:* »t« steht für das Längenmaß »Toise« bzw. »Toisen« (vgl. hier S. 93).

29 *deprimieren:* hier: drücken, senken.

30 *Unsere Kenntnisse ... ausüben:* Für die Wärmeverteilung auf unserem Planeten maß Humboldt den Ozeanen eine besonders große Bedeutung bei, weil sie über weiten Flächen wesentlich homogenere Bedingungen bieten, um Linien gleicher mittlerer Jahrestemperatur zu erstellen. Die große Relevanz der Meere aber bestand für Humboldt vor allem darin, für den gesamten Planeten bzw. für das gesamte *System Erde* entscheidend zu sein. Er informierte sich daher fortlaufend über die naturwissenschaftlichen Versuche, die von den verschiedensten Forschern in der ersten Hälfte des 19. Jahrhunderts auf Seereisen in Ozeanen durchgeführt wurden.

31 *In den Augen des Naturforschers ... Tatsachen entzieht:* Humboldt verdeutlicht an dieser Stelle seine Überzeugung von der Gesetzmäßigkeit aller natürlichen, aber auch aller kulturbedingten Phänomene, die sich im Bereich der Vergleichenden Klimatologie ausmachen lassen – ein Bekenntnis zur datengestützten Erforschung all jener weltumspannenden Veränderungen, denen er als Naturforscher zunächst isoliert nachgegangen war.

32 *welche der Mensch ... hervorbringt:* An dieser Stelle bringt Humboldt erneut das Wirken und den Einfluss des Menschen auf das Klima und den Wärmehaushalt des Planeten zur Sprache und geht diesen Einflussfaktoren nach. Dabei nennt er als wesentliche Faktoren anthropogenen Einflusses das Fällen weiter Waldflächen, das sich bis in unsere Tage fortsetzt, die hydrographischen Veränderungen etwa durch die Trockenlegung von Sümpfen oder das Umleiten von Flüssen, nicht zuletzt aber auch die »Entwicklung großer Dampf- und Gasmassen«, die seit der Industriellen Revolution des 18. Jahrhunderts in zunehmendem Maße an den Zentren vor allem westlicher Nationen in die Atmosphäre

abgegeben werden. Diese frühen Überlegungen Humboldts haben heute an Bedeutung leider noch gewonnen.

33 *Diese Veränderungen ... annimmt:* Humboldt warnt vor einer Unterschätzung des anthropogenen Einflusses auf das Klima und geht davon aus, dass die Beeinflussung des Klimas durch menschliche Aktivitäten im Allgemeinen übersehen oder geringgeschätzt wird. Erneut wird dieses Einwirken des Menschen mit einigen wichtigen Faktoren in Beziehung gesetzt, welche diese Klimaveränderungen aufgrund menschlicher Tätigkeiten mehr oder minder spür- oder fühlbar erscheinen lassen. Er führt an, dass zum damaligen Zeitpunkt die Zivilisation beziehungsweise Industrialisierung etwa auf Faktoren wie Wind- oder Meeresströmungen »keinen merklichen Einfluss« ausübe. Bereits wenige Jahrzehnte später hätte seine Bilanz anders ausgesehen.

34 *zunächst:* hier: am nächsten.

35 *selbst noch bei dem jetzigen Zustande unseres Planeten:* Humboldt geht natürlich von jenen Verhältnissen aus, die in den ersten Jahrzehnten des 19. Jahrhunderts vorherrschten. Dabei gehen auch Erdwärme und Erscheinungen des Vulkanismus als Faktoren in sein Gesamtbild des *Systems Erde* ein. Die Auswirkungen dieser Phänomene auf die Vegetation und damit die pflanzengeographische Verteilung von Gewächsen gehen zwar auch in seine Überlegungen mit ein, gehören nach seiner Ansicht aber nicht in die Vergleichende Klimatologie, welche sich auf die Erhebung und Messung direkter Daten konzentriere. Humboldts Erkenntnisse sind gleichwohl wegweisend.

36 *Das Meer:* Humboldt betrachtet das Meer als *Anökumene*, folglich als nicht dauerhaft vom Menschen zu besiedelnden Teil der Erdoberfläche und somit noch immer weitgehend dem verändernden Einfluss des Menschen entzogen. Doch für seine Überlegungen zum *System Erde* spielen der Wärmehaushalt der Meere und entsprechende Austauschströmungen eine enorme Rolle. Er hatte zu Beginn seiner *Relation historique* nicht von ungefähr die Meeresströmungen als jene Kraft herausgestellt, welche die Neue Welt erstmals mit der Alten Welt in Beziehung gesetzt hatte. Dass sich auch hier der Einfluss des Menschen, wie er dies in sei-

nem Bericht von der Reise in die amerikanische Tropenwelt betonte, auf die Meere geltend machen konnte, steht für ihn außer Frage, nimmt aber (noch) keinen wichtigen Platz in seinen Überlegungen zur Bedeutung der Ozeane ein.

37 *Diese Kenntnis der Klimatologie der Meere:* Bezüglich der Erforschung der Klimatologie der Meere sieht Humboldt vor dem Hintergrund einer ausgedehnten und weitverzweigten Schifffahrt eine gegenüber einer Klimatologie der Kontinente raschere wissenschaftliche Entwicklung heraufziehen. Der Erforschung des Wärmehaushalts der Meere sagt er deshalb eine große Zukunft voraus.

38 *Hr. Arago:* François Jean Dominique Arago (1786–1853), französischer Physiker und Astronom, der zu Humboldts besten Freunden zählte. Die innige Freundschaft zwischen beiden erlaubte stets auch offene Worte. Bei seinen zahlreichen Aufenthalten in Paris besuchte der Preuße stets seinen französischen Freund und wohnte mitunter bei ihm.

39 *in seinem bewundernswürdigen Bericht … der Fregatte Vénus:* Diese Weltumsegelung unter französischer Flagge diente der Sicherung politischer und Handelsinteressen Frankreichs im Pazifik, verfolgte daneben aber auch starke naturwissenschaftliche Interessen. Humboldt dürfte diese französische Expedition vor allem wegen seines Freundes Arago zitiert haben, entnahm aber den Aufzeichnungen von dieser wie auch anderen Expeditionen eine Vielzahl von Daten und Messungen für die Berichtigungen seiner isothermen Linien. Weltumsegelungen und deren Berichte waren für Humboldt von besonderem Wert, weil die Beobachtungen zumeist jeweils regelmäßig durchgeführt wurden und viele störende Faktoren, die auf den Kontinenten auftraten, auf hoher See ausgeschlossen waren, so dass gerade die mathematischen Theorien zumindest zum Teil empirisch überprüfbar wurden.

40 *Rumford:* Sir Benjamin Thompson Count Rumford (1753–1814), britischer Experimentalphysiker und Erfinder.

41 *Marcet:* Alexander Marcet (1770–1822), schweizerisch-britischer Chemiker und Arzt.

42 *Erman:* Georg Adolf Erman (1806–1877), deutscher Physiker und Geowissenschaftler.

43 *Mulgrave:* Constantin Phibbs, 2. Lord Mulgrave (1744–1792), britischer Entdeckungsreisender und Polarforscher.

44 *Scoresby:* William Scoresby (1789–1857), britischer Seefahrer und Forscher.

45 *Ross:* John Ross (1777–1856), britischer Polarforscher.

46 *Parry:* William Edward Parry (1790–1855), britischer Polarforscher.

47 *die Bemerkung des Cap. Beechey:* Diese Expedition steht beispielhaft für Humboldts Interesse an ständigen und regelmäßigen Datenerhebungen bei Seereisen. Frederick William Beechey (1796–1856) trat mit zehn Jahren in die Royal Navy ein und übernahm 1825 das Kommando der HMS Blossom zur Erforschung unter anderem der Behring-Straße. Es handelte sich um eine Expedition, die mehr als drei Jahre dauerte und auf der Beechey weit nach Norden vorstieß sowie zahlreiche Inseln entdeckte. Die letzten anderthalb Lebensjahre war Beechey Präsident der renommierten Royal Geographical Society, der nach der Pariser und der Berliner Gesellschaft für Erdkunde drittältesten Gesellschaft zur geographischen Erforschung der Erde. Humboldt selbst war den beiden ältesten Gesellschaften für Erdkunde eng verbunden.

Geschichte der Pflanzen (der Vierwaldstätter See). Naturgemälde

Dieser kurze Text wurde im Akademienvorhaben »Alexander von Humboldt auf Reisen – Wissenschaft aus der Bewegung« von Herrn Dr. Ulrich Päßler, bei dem ich mich herzlich bedanke, nach einem ersten Abdruck durch Hanno Beck neu transkribiert und stellt wohl die früheste literarische Skizze dar, die Humboldt selbst als »Naturgemälde« bezeichnete. Dieser beispielhafte Text zeigt, wie sich Humboldts Auge in den Alpen am Vierwaldstätter See bereits schulte, um wenige Jahre später in den Anden noch größere Höhenstufen in einem einzigen Bild literarisch und später visuell zusammenzufassen. Der Text wurde nach Aussage von Humboldt 1795 verfasst; doch sprechen andere Datierungen des Deckblattes dafür, dass der preußische Natur- und Kulturforscher die kurze Skizze 1799 zumindest noch einmal überarbeitet hatte. Dieser Text findet sich im Nachlass Alexander von Humboldts in der Staatsbibliothek zu Berlin Preußischer Kulturbesitz, Nachlass AvH, gr. Kasten 11, Nr. 125, Bl. 9r.

1 *Wo das Wasser ein Häufchen Erde zusammenschwemmt:* Für Humboldt ist das wichtigste Element für den Kreislauf des Lebens das Wasser. Dort, wo Wasser und Erde zusammenkommen, entsteht Boden und damit die Grundlage für das Leben von Pflanzen, Tieren und Menschen.

2 *So sieht man Inseln:* Immer wieder betont Humboldt die fundamentale Bedeutung von Inseln, von denen aus sich Leben verbreite. Inseln sind für Humboldt entscheidend für die Ausbreitung jeglicher Form biologischen Lebens. Mit dem St. Gotthard, dem St. Bernhard und dem Montblanc-Massiv nennt Humboldt drei Bergmassive der Zentralalpen, die er – wie bei der nachfolgenden

kurzen Reisedarstellung deutlich wird – aus eigener Anschauung kannte.

3 *auf der nakten noch unbedekten Oberfläche des Erdkörpers:* Hier rücken die Gesamtheit der Erdkugel und die allmähliche Ausbreitung von Leben ausgehend von Inseln an der Oberfläche unseres Planeten in den Blick. Die Vorstellung vom nackten Erdkörper findet sich in beiden zuvor präsentierten Auszügen aus seiner amerikanischen wie der russisch-sibirischen Reise.

4 *da nisten sich Menschen und siedeln sich an:* Im Zyklus des Lebens taucht nach den Pflanzen hier bereits der Mensch auf. Dessen Ansiedlung knüpft an das Vorhandensein von Pflanzen und eine sich bildende Bodenschicht an. Wie im Auftaktessay seiner späteren *Ansichten der Natur* präsentiert der junge Forscher eine Schöpfungsszene, eine Art *Genesis* ohne Schöpfergott einer von Leben erfüllten Welt, eine Schöpfungsszene, die von den höchsten Höhen der Alpen bis hinunter in die tiefsten Tiefen des Vierwaldstätter Sees in der Schweiz reicht.

5 *Sie bilden theils gesellig kleine Gebüsche:* Humboldt entwirft in seinem *Naturgemälde* eine pflanzengeographisch präzise skizzierte Landschaft, die von Flechten und Rasen bis zu Tannen und Buchen reicht und verschiedene Höhenstufen in das entworfene Gesamtbild einbezieht. Die literarische Inszenierung wird durch das kurze Literaturzitat »im lezten zukkenden Strahl der Abendsonne« untermauert. Wie Inseln innerhalb der Besiedlung der Tannen wirken die grünen Auen mit einem klaren Bächlein, Naturelemente, die zweifellos einem *locus amoenus*, dem landschaftlichen Lustort schon der antiken Naturerfahrung, nachgebildet sind. In seinem *Kosmos* sollte sich Humboldt gegen Ende seines Lebens intensiv mit diesen Traditionen in Literatur und Kunst auseinandersetzen. In seinem frühen Naturgemälde wird die menschliche Ansiedlung durch die Kirche und den Friedhof markiert. All diese Elemente entsprechen einer romantischen Landschaftsbeschreibung, wie sie sich im Humboldt'schen Schreiben, im *Humboldtian Writing*, finden lässt (vgl. Ottmar Ette, »Eine ›Gemütsverfassung moralischer Unruhe‹ – ›Humboldtian Writing‹: Alexander von Humboldt und das Schreiben in der Moderne, on: O. E. / Ute Her-

manns / Bernd M. Scherer / Christian Suckow (Hrsg.): *Alexander von Humboldt. Aufbruch in die Moderne*, Berlin: Akademie Verlag, 2001, S. 33–55).

6 *Am Ende des Thals … sich erhebt:* Humboldt schließt sein Naturgemälde mit einem Schwenk wieder hoch zu den höchsten Bergen, um die Bedeutung der gesamten vertikalen Erstreckung mit ihrem Einfluss auf Vegetation, Landschaftsgestalt und Klima bis hinauf zum ewigen Schnee hervorzuheben. Mit guten Gründen kann man in dieser Zeit ebenso im Bereich der Wissenschaften wie im Bereich der Künste von einer Entdeckung der dritten Dimension sprechen. Sie ist bei dem bis zum preußischen Oberbergrat aufgestiegenen Humboldt stets mit der dritten Dimension unter der Erde verknüpft, wie es sich in diesem Naturgemälde mit der bis zur Tiefe des Meeresspiegels hinabreichenden Tiefe des Vierwaldstätter Sees andeutet. Humboldt wird diese kurze Skizze eines Naturgemäldes in seinen Überlegungen über die Pflanzengeographie und vor allem in seinem *Naturgemälde der Tropenländer* mit genauer Bestimmung von Flora und Fauna, aber auch von anderen Geofaktoren wie Gestein oder Himmelsbläue ausarbeiten.

7 *Scripsi auf der Rückreise:* lat. »Das habe ich geschrieben«: Humboldt unternahm auch lange vor seiner Reise in die amerikanischen Tropen eine Vielzahl von Reisen nach Osteuropa und Südeuropa, aber unter anderem auch nach Holland, England und ins revolutionäre Frankreich. Seine Aufenthalte in den Alpen dienten ihm dazu, seine Erforschung der dritten Dimension in wissenschaftlicher Hinsicht, aber auch seinen Gebrauch wissenschaftlicher Instrumente zu vervollkommnen. Die große Bedeutung dieser »kleineren« europäischen Reisen für die Konzeption von Humboldts Wissenschaft aus der Bewegung wie für die Durchführung seiner beiden transkontinentalen Reisen ist enorm. Man darf in dem Entwurf des alpinen Naturgemäldes zweifellos eine Fingerübung für all die Messungen, Bilder und Entwürfe erblicken, die der preußische Reisende im größeren Maßstab nur wenige Jahre später in den Anden verwirklichen sollte. Wie sehr es ihm dabei gerade alpine oder tropische Seenlandschaften angetan hatten,

lässt sich an den Beschreibungen des Textauszuges zum Valencia-See unschwer erkennen.

8 *mit Häften:* Der preußische Offizier Reinhard Samuel Christian von Haeften (1772–1803) war ein enger Freund Humboldts, mit dem der eine Reihe von Reisen durchführte. Am 17. Juli 1795 brach Humboldt von Bayreuth mit Haeften nach Oberitalien und in die Schweizer und Französischen Alpen auf. Von Mailand (am 26. August) ging die Reise wieder zurück über den St. Gotthard nach Luzern (am 2. September 1795). Nach der Rückkehr von Haeftens führte Humboldt einen zweiten Teil seiner Reise in Begleitung eines anderen engen Freundes, Johann Carl Freiesleben (1774–1846), durch, wobei man Ende September über Bern das Tal von Chamonix nahe des Montblanc-Massivs erreichte, über den St. Bernhard den Genfer See berührte und über Fribourg zurück nach Bern reiste, wo man wohl am 17. Oktober eintraf. Die Erwähnung des St. Bernhard wie des Montblanc sprechen im frühen Naturgemälde des Vierwaldstätter Sees ebenfalls für eine spätere, nicht vor Ort und in Begleitung Haeftens durchgeführte Niederschrift. In jedem Falle kann man im frühen Naturgemälde die spätere Entfaltung eines Denkens, das sich auf dem Weg zur Ökologie gemacht hat, bereits erahnen.

Größen und Längen

1 Linie = 0,225 Zentimeter
1 Toise = 1,949 Meter
1 Seemeile = 1,885 Kilometer
1 Zoll = 2,7 Zentimeter
1 (Pariser) Fuß = 32,5 Zentimeter
1 geogr. Meile = 7,42 Kilometer
1 Quadratfuß = 1056,25 Quadratzentimeter
1 Quadratmeile = 55 Quadratkilometer
1 Kubikzoll = 20 Kubikzentimeter
1 Kubikfuß = 34 328,125 Kubikzentimeter

Nachwort

Eine Ökologie des Zusammenlebens

Alexander von Humboldt (1769–1859) nimmt uns in diesem Band mit auf eine Reise, auf einen Weg der Erkenntnis, wie wir Menschen uns im Zusammenleben mit der Natur auf unserem Planeten verbessern können. Dazu müssen wir uns mit einer Vielzahl von Faktoren beschäftigen und deren Wechselwirkungen berücksichtigen. Humboldt entwickelte in der Vielzahl von Wissenschaften, die er transdisziplinär betrieb, eine Form des Zusammendenkens dieser Faktoren, die man als ein ökologisches Denken *avant la lettre* bezeichnen darf.

Auf seinen beiden transkontinentalen Reisen, zu denen er 1799 in die amerikanischen Tropen und 1829 nach Zentral-Asien aufbrach, formulierte er bei der Untersuchung der Gründe für eine Absenkung des Wasserspiegels im See von Valencia Einsichten in derartige Zusammenhänge. So erörterte er im ersten in diesem Band abgedruckten Textauszug etwa, auf welche Weise die Rodung und Zerstörung der Wälder zu einer Störung des von ihm untersuchten Gleichgewichts zwischen den Kräften der Natur und jenen der Kultur führen kann.

Die im Anschluss an seine Russisch-Sibirische Forschungsreise angestellten Überlegungen weiten dieses ökologische Denken – der Begriff »Ökologie« stand ihm historisch noch nicht zur Verfügung – aus in weltumspannende Dimensionen und fragen nach einer jahreszeitlich veränderlichen Verteilung der Wärme auf unserem Planeten.

Zu den zahlreichen Geofaktoren, die Humboldt auf seinen beiden großen Reisen, die im vorliegenden Band dokumentiert sind, ins Feld führte, gesellen sich die nicht minder zahlreichen Aktivitäten des Menschen. Sie reichen von der Rodung von Wäldern oder der Trockenlegung von Sümpfen und Mooren bis hin zum Ausstoß von Dämpfen und Gasen, welche in den europäischen Zentren der Industrie in zunehmendem Maße in die Atmosphäre entlassen würden. Die Untersuchung lokaler wie regionaler Phänomene hat sich bereits in den jahrzehntelangen Forschungen des preußischen Natur- und Kulturforschers auf eine planetarische Sichtweise geöffnet, welche die Funktionsweise dessen, was man durchaus als »System Erde« bezeichnen kann, mit einer für die Zeit erstaunlichen Weitsicht diskutiert.

Dass die Sicht unseres Planeten dabei nicht die Untersuchung kleinräumiger Phänomene verdrängt, versteht sich bei Humboldt ebenso von selbst wie die Tatsache, dass er Formen des Schreibens und Medien der Visualisierung komplexer Phänomene erprobt, mit deren Hilfe er seiner Leserschaft auf möglichst präzise Weise das Zusammenwirken ebenso natürlicher wie anthropogener, also vom Menschen verursachter, Kräfte vor Augen führen will. Das in diesem Band abgedruckte *Naturgemälde der Tropenländer*, das *Tableau physique des Andes et des pays voisins*, zeigt beispielhaft die Vorgehensweise dieser Humboldt'schen Wissenschaft.

Natur und Kultur

Der vorliegende Band präsentiert an seinem Ausgang eine frühe literarische Skizze, in welcher der junge, sich stets in Bewegung befindliche Forscher in der Form eines kleinen, ästhetisch durchdachten *Naturgemäldes* noch vor der Erhebung großer Datenmengen das Zusammenwirken aller Kräfte vor Augen führen will. Dabei geht es Humboldt nicht nur um ein bloßes Zusammenführen, sondern weit mehr noch um ein Zusammendenken aller Faktoren, welche Natur und Kultur in ein nicht mehr voneinander trennbares künstlerisches Gemälde vereinigt haben. Denn der Begriff des *Naturgemäldes* meint eben dies: ein Zusammendenken von Natur und Malerei, von Geofaktoren und Kunst, die im Menschen jenen ›Totaleindruck‹ hervorrufen sollten, den der preußische Gelehrte bei seinem Publikum erzielen wollte.

Im Grunde wusste es schon Humboldt, und im Grunde wissen wir es alle: Naturkatastrophen sind keineswegs natürlich, zumindest nicht in dem Sinne, dass sie sich allein aus natürlichen und naturräumlichen Gegebenheiten und Gesetzlichkeiten ergeben und erklären lassen. Naturkatastrophen sind unter heutigen Gesichtspunkten komplexer und siedeln sich in der aktuellen Forschung im Sinne der Überlegungen des französischen Kulturanthropologen Philippe Descola (*1949), der sich nicht umsonst immer wieder auf Humboldt bezog, vielmehr im Schnittfeld von Natur und Kultur an.

Aber gibt es diese Unterscheidung zwischen Natur und Kultur überhaupt (noch)? Und inwiefern kann uns Humboldt dabei helfen, diese Unterscheidung mit Hilfe historischen Wissens neu zu überdenken? Oder anders formuliert: Was hat die Trennung von Natur und Kultur mit den Wegen hin zu einem ökologischen Denken zu tun?

Bleiben wir für einen Augenblick bei der heutigen Forschung und bei Philippe Descola. Entscheidend für ein komplexeres Verständnis des Verhältnisses von Natur und Kultur ist für ihn, dass man sich die geschichtlichen wie wissenschaftsgeschichtlichen Setzungen bewusst macht, die in der zweiten Hälfte des 19. Jahrhunderts vorgenommen wurden. Laut Descola[1] wurden während dieses Zeitraums »die jeweiligen Herangehensweisen und Bereiche der Naturwissenschaften und der Kulturwissenschaften endgültig abgegrenzt« und voneinander scharf getrennt[2]. Die transdisziplinär ausgerichtete Wissenschaft Humboldts hatte diese Scheidung noch ganz bewusst vermieden und dafür geworben, Natur und Kultur zusammenzudenken.

Philippe Descola geht in *L'écologie des autres* von der Einsicht aus, dass sich sowohl im Bereich der Theorie wie im Bereich der institutionellen Praxis gegen Ende des 19. Jahrhunderts jene Grenzen zwischen den Bereichen von Natur und Kultur etabliert hatten, welche bis heute die Grundlagen des abendländischen Denkens mitbestimmen. Dies war fraglos eine folgenschwere Grenzziehung, die sich längst zum scheinbar unangreifbaren, da ›natürlichen‹ Mythos entwickeln konnte, ein Mythos, der noch immer in unseren Köpfen herumspukt, unser Denken befeuert.

1 Vgl. Philippe Descola, *Die Ökologie der Anderen. Die Anthropologie und die Frage der Natur*, aus dem Franz. übers. von Eva Moldenhauer, Berlin 2014.

2 Ebd., S. 7.

Denn zu den Mythen des Alltags zählt seit der zweiten Hälfte des 19. Jahrhunderts, dass Natur von Kultur sorgfältig geschieden ist. Diese Trennung erscheint uns noch heute als »natürlich«, auch wenn es seit grob einem Jahrhundert auf unserem Planeten eigentlich keine »Naturlandschaften« mehr gibt.

Wir sitzen folglich einem Mythos auf. Denn aus dieser Scheidung ergibt sich eine grundlegende Problematik, die Descola in den »Schlussfolgerungen« zu *Die Ökologie der Anderen* wie folgt formuliert:

> Man braucht kein Experte zu sein, um vorauszusagen, dass die Frage des Verhältnisses der Menschen zur Natur höchstwahrscheinlich die entscheidendste dieses Jahrhunderts sein wird. Man braucht sich nur umzusehen, um sich davon zu überzeugen: Die klimatischen Umwälzungen, der Rückgang der Artenvielfalt, die Vermehrung gentechnisch veränderter Organismen, das Versiegen der fossilen Energieträger, die Verschmutzung der empfindlichen Naturräume und der Megastädte, das sich beschleunigende Verschwinden der Tropenwälder, dies alles ist auf dem ganzen Planeten ein Thema öffentlicher Debatten geworden und schürt täglich die Ängste seiner Bewohner. Gleichzeitig ist es schwierig geworden, weiterhin zu glauben, dass die Natur ein vom sozialen Leben völlig getrennter Bereich ist, je nach den Umständen hypostasiert als Nährmutter, als nachtragende Rabenmutter oder als zu entschleiernde geheimnisvolle Schöne, ein Bereich, den die Menschen zu verstehen und zu kontrollieren suchten und dessen Launen sie zuweilen ausgesetzt seien, der jedoch ein Feld autonomer Regel-

mäßigkeiten bildet, in dem Werte, Konventionen und Ideologien keinen Platz hätten.[3]

Wenn die Frage nach dem Verhältnis der Menschen zur Natur von Descola aber als »die entscheidendste« für die Menschheit im 21. Jahrhundert bezeichnet wird, so bedeutet dies nichts anderes, als dass wir möglichst rasch zu lernen haben, Natur und Kultur nicht nur in ihren Zusammenhängen und Verbindungen, sondern zugleich in ihren unaufhebbaren Verwebungen und mehr noch Verstrickungen zu denken. Und gerade in diesem Punkt können uns Humboldt und die Humboldt'sche Wissenschaft entscheidend helfen.

Die im obigen Zitat genannten Beispiele machen deutlich, wie problematisch heutzutage ein Denken ist, das beide Bereiche künstlich voneinander abtrennt und uns vorzugaukeln sucht, die Natur folge in ihren Entwicklungen eben einer eigenen Gesetzlichkeit, mit welcher das Tun des Menschen nicht verbunden sei. Welche politischen Konsequenzen dies hat, muss hier nicht erwähnt werden. Denn wie »natürlich« sind die Katastrophen, die wir als Naturkatastrophen bezeichnen? Und welche Natur wird geschützt, wenn wir in einem herkömmlichen Sinne vom »Naturschutz« sprechen?

Denn die Aufkündigung eines Denkens, das Natur und Kultur einander gegenüberstellt, ist unvermeidlich zu einem Zeitpunkt, in dem der Mensch zu einem einflussreichen, bisweilen längst entscheidenden Faktor in der Veran-

3 Descola, *Die Ökologie der Anderen*, S. 87.

derung »natürlicher« Abläufe und Prozesse geworden ist[4]. Dass diese Fragestellung in den Literaturen der Welt stets von größter Bedeutung war, wird in den Überlegungen des französischen Anthropologen wie des indischen Historikers zwar nicht bedacht, sollte in der kritischen Reflexion der neuen Entwürfe von Ökologie in den Schriften von Philippe Descola oder von Dipesh Chakrabarty (*1948) aber notwendig Berücksichtigung finden. Humboldt hat uns nicht allein in seinem *Naturgemälde der Tropenländer* oder in seinem *Kosmos* gezeigt, wie sehr die Ästhetik mit Ethik und Ökologie verflochten ist.

Denn seit dem *Gilgamesch-Epos* stehen im Zentrum jenes spezifischen Wissens, das die Literaturen der Welt über Jahrtausende in den unterschiedlichsten Kulturen, Sprachen und Winkeln unseres Planeten entfaltet haben, die Möglichkeiten und Grenzen des Zusammenlebens des Menschen nicht allein mit den Göttern oder anderen Menschen derselben oder anderer kultureller Prägung, sondern auch mit den Tieren, den Pflanzen und den Dingen in der Um-Welt, mit denen die Menschen in eine wie auch immer geartete Interaktion treten. Der Mensch hat nicht nur Anteil an der Natur, er ist Teil der Natur. Man könnte unter Verweis auf die Entfaltung dieses spezifischen, in keinerlei Weise disziplinierbaren (mithin in Disziplinen überführbaren) Wissens der Literaturen der Welt formulieren, dass die von Descola priorisierte Frage nach dem Verhältnis *der* Menschen zur Natur als wichtiger Teilbereich der weitaus

4 Vgl. Dipesh Chakrabarty, *Das Klima der Geschichte im planetarischen Zeitalter*, aus dem Engl. übers. von Christine Pries, Berlin 2022.

grundlegenderen Frage aufgefasst werden kann, welche die eigentliche Kernfrage für das 21. Jahrhundert bildet: Wie und mit Hilfe welchen Wissens können *die* Menschen in Frieden und in Differenz in dieser Welt, auf diesem Planeten, miteinander und mit ihrer Umwelt zusammenleben? Dies ist die Frage nach einer Ökologie des Zusammenlebens.

Die eklatante Zunahme sogenannter »Naturkatastrophen« in den zurückliegenden Jahrzehnten macht wie der enorme Anstieg an Folgeschäden deutlich, dass ihre Frequenz längst durch das Handeln des Menschen wesentlich beeinflusst ist und dass diese anthropogene Auslösung von Naturkatastrophen einer mangelnden Fähigkeit des Menschen gegenübersteht, die nach bestimmten Gesetzlichkeiten der Natur ablaufenden Kataklysmen noch zu steuern oder gar zu beherrschen. Wir stehen im Moment zweifellos an jenem Punkt in der Menschheitsgeschichte, an welchem das Globale in ein planetarisches Denken übergehen[5] und unser Planet im Zentrum aller Zukunftsplanungen, aller Zukunftsvisionen stehen muss. Dies aber ist ein Weg, den Humboldt bereits vor etwa zwei Jahrhunderten beschritt und von dessen Ergebnissen wir auch heute noch eine Vielzahl an Einsichten lernen können.

5 Vgl. hierzu die Einleitung sowie den ersten Teil von Chakrabarty, *Das Klima der Geschichte im planetarischen Zeitalter*, S. 9–162.

Natur als Mythos und Politikum

Spätestens seit dem Erscheinen der *Mythologies*[6] des französischen Zeichentheoretikers Roland Barthes (1915–1980) im Jahre 1957 könnten wir wissen, dass die Mythen, die uns umgeben und unser Leben möblieren, als »Mytho-Logiken«[7] so funktionieren, dass das, was geschichtlich geworden ist, jenseits dieses historischen Gewordenseins als Natur ausgegeben werden kann und wird. Diese oft interessegeleitete Verwandlung des vom Menschen Erdachten, Erzeugten oder Erfundenen in etwas ›Natürliches‹ schützt das zur Natur Erklärte davor, als veränderbar begriffen und damit in Frage gestellt werden zu können. Natur aber ist natürlich ein Politikum.

Wenn Natur aber nicht mehr als das vom Menschen nur Vorgefundene erscheint, sondern als das vom Menschen Mitgeprägte, ja Erfundene verstanden wird, entfaltet sich ein Denken, in dem ebenso eine Politik wie auch das Politische der Natur kritisch überdacht werden können. Denn wenn die Natur als etwas naturgemäß nicht ›bloß‹ Natürliches reflektiert werden kann, dann erlauben die veränderten Beziehungen zwischen dem Vorfinden (der Natur) und dem Erfinden (der Natur) ein neues Erleben und Erkennen einer Natur, die nicht länger als ein Gegebenes, sondern als

6 Roland Barthes, *Mythologies*, Paris 1957; dt. *Mythen des Alltags*, aus dem Franz. übers. von Helmut Scheffel, Frankfurt a. M. 1964.

7 Vgl. Ottmar Ette, »Mytho-Logiken. Figurationen von Gesellschaft und Gemeinschaft bei Roland Barthes«, in: Mona Körte / Anne-Kathrin Reulecke (Hrsg.), *Mythen des Alltags. Mythologies. Roland Barthes' Klassiker der Literatur- und Kulturwissenschaften*, Berlin 2014, S. 41–66.

ein Gewordenes und mehr noch Geschaffenes – diesseits wie jenseits des kulturell so unterschiedlich entfalteten göttlichen Schöpfungsaktes – immer schon Bestandteil dessen ist, was wir mit dem Begriff des Kulturellen bezeichnen können.

Geht Natur aber dann nicht einfach in Kultur auf?

Die Dinge liegen deutlich komplexer, wie schon Humboldt herausfand. Die Nicht-Natürlichkeit der Natur erweist sich auf der einen Seite nicht allein als Folge der Tatsache, dass das, was Natur ist, schon immer vom Menschen kulturell bestimmt und gesetzt worden ist, sondern nicht minder als die logische Konsequenz des Faktums, dass wir in der Dreiecksstruktur von Finden, Erfinden und Erleben, die ein wesentlich komplexeres Verstehen der Welt ermöglicht als die zweiwertige Gegenüberstellung von Fakt und Fiktion es je zu erlauben in der Lage wäre, Natur als die Schöpfung einer spezifischen kulturellen Setzung verstehen. Diese Setzung steht im Kern des abendländischen Denkens. Die Ent-Setzung dieser kulturellen Setzung muss auf der anderen Seite aber kein Entsetzen angesichts einer schlichten Gleichsetzung von Natur und Kultur hervorrufen. Wie aber lässt sich ein Denken in Bewegung setzen, in welchem die Natur weder strikt von der Kultur getrennt noch mit ihr ohne weiteres gleichgesetzt wird?

Es gehört wohl zu den Langzeitwirkungen der von Barthes im Verlauf der 1950er Jahre zunächst in unterschiedlichen französischen Periodika veröffentlichten Kurztexte der *Mythologies*, dass sich gerade in Frankreich schon früh Vorstellungen zu entwickeln vermochten, welche die Natur der Natur reflektierten und die Verbindung zwischen (dem Begriff von der) Natur und Politik in den Fokus der eigenen Untersuchungen rückten. So scheint der nachfolgende Ausschnitt aus Bruno Latours (1947–2022) 1999 erschienenem einflussreichem Band *Politique de la nature*[8] ganz im Denken (wenn auch weniger in der Schreibweise) von Barthes verfasst zu sein, wenn er die Tatsache betont, dass sich aus philosophischer wie aus kulturtheoretischer Sicht Natur und Kultur (und damit in erster Linie auch die Politik) nicht künstlich voneinander trennen lassen. So formulierte der vor kurzem verstorbene französische Wissenschaftssoziologe und Philosoph auf ebenso nachdrückliche wie nachhaltige Weise:

> Seit das Wort Politik erfunden worden ist, hat sich Politik stets durch ihr Verhältnis zur Natur bestimmt, deren sämtliche Merkmale, sämtliche Eigenschaften, sämtliche Funktionen auf den aggressiven Willen zurückgehen, das öffentliche Leben einzuschränken, oder zu reformieren, zu begründen, aufzuklären oder mit sich kurzzuschließen.[9]

Es liegt in der Natur der Dinge, dass der Rekurs auf die Natur selbst im Lichte einer Natürlichkeit vorgetragen wird, die vorgeschoben wird, um die Konstruiertheit des Eingreifens in das Leben der anderen nicht ins Bewusstsein dringen zu lassen: Natur kann leicht als Norm und normativ in Stellung gebracht werden. Diese eminent politische Dimension des Naturbegriffs wie auch der *Naturalisierung*

8 Vgl. Bruno Latour, *Politique de la nature*, Paris 1999.

9 Bruno Latour *Das Parlament der Dinge. Für eine politische Ökologie*, aus dem Franz. übers. von Gustav Roßler, Frankfurt a. M. 2010, S. 9.

des Historischen zum Zwecke einer Politik, die ihren Namen nicht sagt, ist dabei zugleich von so hoher Wirkkraft und Effizienz, dass Natur als Regulativ einer Politik der Kultur wie einer Kultur der Politik aus dem Begriff wie dem Begreifen von Natur schlechterdings nicht wegzudenken ist. Doch selbst wenn die Natur unbestritten bestimmten Naturgesetzlichkeiten folgt: Die so konstruierte »Natur« sollte weder als Norm noch als Korrektiv gesellschaftlichen beziehungsweise kulturellen Handelns gebraucht und missbraucht werden. Denn in solchem Gebrauch wird Natur nicht nur abstrakt – also von den Dingen abgezogen – sondern absurd.

Die zeitgenössische Kulturanthropologie Descolas hat sehr klar dargelegt, inwiefern sich die anthropologisch vorgetragene Frage nach dem Verhältnis von Natur und Kultur als wesentlicher Bereich einer umfassenden *Konvivenz* beziehungsweise einer *Convivialité* denken lässt, in welcher die unterschiedlichsten Bereiche menschlichen Denkens und Handelns mit-gedacht und zusammengeführt werden können. Angesichts dieser Grundfrage nach dem Zusammenleben macht Descola Schluss mit der simplen Zweigeteiltheit bzw. Bipolarität von Natur versus Kultur:

> Dieses Bild gilt heute nicht mehr: Wo hört die Natur auf, wo fängt die Kultur an bei der Klimaerwärmung, bei der Verringerung der Ozonschicht, bei der Herstellung spezialisierter Zellen aus omnipotenten Zellen? Man sieht, dass die Frage keinen Sinn mehr hat. Vor allem erschüttert dieser neue Tatbestand, ganz abgesehen von den vielen ethischen Problemen, die er aufwirft, alte Auffassungen von der menschlichen Person und ihren Bestandtei-

len wie auch von der Beschaffenheit der individuellen und kollektiven Identität; zumindest in der westlichen Welt, wo wir uns, anders als es anderswo der Fall ist, angewöhnt haben, das Natürliche im Menschen und seiner Umwelt sehr klar vom Künstlichen darin zu unterscheiden. Auf anderen Kontinenten, beispielsweise in China und in Japan, dort, wo die Idee einer Natur unbekannt ist und wo der menschliche Körper nicht als Zeichen der Seele und Nachbildung eines transzendenten Modells – einst als göttliche Schöpfung, heute als Genotyp – aufgefasst wird, stellt sich dieses Problem nicht.[10]

Der Begriff der Natur stellt also in keiner Weise eine Universalie oder eine anthropologische Konstante dar, sondern zeigt eine bestimmte kulturelle, historische und soziale Setzung an, deren angenommene übergeschichtliche Kontinuität sich als eine geschichtlich wie räumlich bestimmbare Setzung erweist, die längst im Barthes'schen Sinne zum Mythos geworden ist und die es heute zu ent-setzen gilt.

Was ist modern?

Humboldt weist hier auf Wege aus dieser Setzung und geht gleichsam hinter Latours fundamentale Frage zurück, ob wir jemals *modern* gewesen sind[11]. Denn mit Humboldt verbindet sich ein anderes Konzept der Moderne, ein Be-

10 Descola, *Die Ökologie der Anderen*, S. 88.

11 Bruno Latour, *Wir sind nie modern gewesen. Versuch einer symmetrischen Anthropologie*, Berlin 2008.

wusstsein von der Welt, das ein Teil des unvollendeten Projekts einer anderen Moderne darstellt[12].

Schon Humboldt verstand, dass sich Phänomene der »Natur« nicht mehr allein mit (den damals vorherrschenden) naturwissenschaftlichen Methodologien und Verfahren erklären und verstehen lassen. Er begriff, dass der Mensch die Natur benutzt und prägt, sie bei Bedarf umbildet. Ihm waren nur die Ausmaße und Wirkmächtigkeiten menschlicher Aktivitäten noch fremd. Heute aber erleiden wir buchstäblich wie der Zauberlehrling auch die Rückschläge, die ›die Natur‹ an uns zurückgibt, in Form einer Zunahme von Naturkatastrophen, deren Zahl deutlich angewachsen ist. Hier wendet sich der Fortschritt gleichsam gegen sich selbst, wie es das »konvivialistische Manifest« beschreibt:

> Umgekehrt aber glaubt auch niemand, dass diese Anhäufung an Macht sich in einer Logik des unveränderten technischen Fortschritts endlos fortsetzen kann, ohne sich gegen sich selbst zu wenden und ohne das physische und geistige Überleben der Menschheit zu bedrohen. Jeden Tag werden die Anzeichen einer möglichen Katastrophe deutlicher und beunruhigender. Der Zweifel betrifft nur die Frage, was unmittelbar am bedrohlichsten ist und vordringlich zu tun wäre.[13]

12 Vgl. Ottmar Ette, *Weltbewusstsein. Alexander von Humboldt und das unvollendete Projekt einer anderen Moderne*, mit einem Vorw. zur zweiten Auflage, Weilerswist 2020.

13 Frank Adloff / Claus Leggewie (Hrsg.), *Les Convivialistes. Das konvivialistische Manifest. Für eine neue Kunst des Zusammenlebens*, Bielefeld 2014, S. 39.

Dies betrifft gerade die vom Menschen (mit)verschuldeten Katastrophen der Natur. Diese Naturkatastrophen sind nur noch insofern natürlich, als es sich um Prozesse handelt, die vom Menschen nicht mehr gesteuert werden können und nach den Gesetzlichkeiten einer nicht länger kontrollierten oder kontrollierbaren Natur ablaufen, die wir niemals in ihrer Gesamtheit zu beherrschen vermögen werden.

Doch schon die Katastrophen, die im *Gilgamesch-Epos*, im *Shi Jing*, in *Tausendundeiner Nacht* oder im *Alten Testament* über die Menschen hereinbrechen, sind durchsichtig auf andere Mächte, Faktoren und Akteure, die in ihnen entscheidend am Werke sind. Im zweiten Band seines *Kosmos*, der 1847 erschien, behandelte Humboldt umfangreich die »Anregungsmittel zum Naturstudium« in verschiedenen Kulturen und Sprachen der Literaturen der Welt. Nur wenige Jahre waren seit der Niederschrift von *Asie Centrale* und damit des zweiten der hier ausgewählten Texte vergangen.

Die heutige Verwendung des ursprünglich 1873 gefundenen Begriffs »Anthropozän« benennt die Tatsache, dass der Mensch mittlerweile zu einem der wichtigsten Einflussfaktoren auf biologische, geologische, klimatologische oder atmosphärische Prozesse geworden ist[14]. Zu den Urhebern der heutigen Begriffsbildung zählt in erster Linie der niederländische Chemiker und Atmosphärenforscher Paul Crutzen (1933–2021) zusammen mit dem Biologen Eugene F. Stoermer (1934–2012), wobei sich die Diskussion rund um diese Begrifflichkeit längst von den Naturwissenschaften ausge-

14 Vgl. zu diesen Fragestellungen u. a. Dipesh Chakrabarty, »The Climate of History. Four Theses«, in: *Critical Inquiry* XXXV (Chicago 2009) 2, S. 197–222.

hend in die Kulturwissenschaften ausgeweitet und verlagert hat. Denn wenn wir verstehen wollen, in welcher komplexen Relation die *recorded history*, also die im Verlauf der zurückliegenden vier oder fünf Jahrtausende aufgezeichnete Geschichte, mit der *deep history* steht, also mit der gesamten Menschheitsgeschichte vor der Erfindung des Ackerbaus[15], ist das Ent-Setzen eines tradierten, herkömmlichen Natur-Kultur-Gegensatzes abendländischer Prägung unabdingbar.

Die Arbeiten Humboldts gehen nicht nur weit hinter die Erfindung des Begriffs »Anthropozän«, sondern auch hinter die Definition des Wissenschaftsbegriffs der »Ökologie« durch Ernst Haeckel (1834–1919) um die Mitte der 1860er Jahre zurück. Insofern ist sein Denken ein ökologisches *avant la lettre*, starb Humboldt nach mehr als sieben Jahrzehnten des Publizierens doch 1859 im Alter von nahezu 90 Jahren in Berlin. Sein erstes *Naturgemälde* entstand 1795 und damit lange vor der Prägung des Begriffs der Ökologie.

Die Umprägung der Natur durch den Menschen reicht freilich um ein Vielfaches weiter zurück. Philippe Descola beschrieb die ungeheure Wirkkraft, die vom Menschen auf die Natur ausgeht, in den unterschiedlichsten Zusammenhängen in seiner *Ökologie des Anderen*, wobei er zugleich auf die Tatsache hinwies, dass der Mensch schon vor vielen Jahrtausenden eine langfristige Prägekraft auf die Vegetation und die Gestaltung der Erdoberfläche auszuüben begann. Zugleich erläuterte er aber auch an Beispielen der Gegenwart, in welchem Maße die Unentwirrbarkeit von Effekten der Natur und Effekten der Kultur ein Verständnis von Anthropologie wie von Ökologie notwendig macht,

15 Vgl. ebd., S. 212.

welches nicht auf eine Ab- und Ausgrenzung, sondern auf eine zunehmende wechselseitige Durchdringung dieser Bereiche abzielt.

Kein Zweifel kann an der Tatsache bestehen, dass dies Fragestellungen sind, die in den Literaturen der Welt schon früh und damit viel früher präsentiert, repräsentiert und reflektiert wurden. Denn die Frage, wie wir in unserer Welt zusammenleben können, schließt seit den frühesten schriftlichen Zeugnissen die Frage nach dem Verhältnis des Menschen zu den Tieren, den Pflanzen und der Welt der Dinge mit ein.

Humboldt war sich dieser Tatsache noch bewusst. In die »moderne« Prägung des Begriffs der Ökologie sind diese literarischen, künstlerischen und ästhetischen Elemente freilich trotz der starken Wirkung seines *Naturgemäldes der Tropenländer*, einer der wirkmächtigsten Visualisierungen von Wissenschaft im 19. Jahrhundert, nicht eingegangen. Man darf sich an dieser Stelle durchaus fragen, ob wir mit derlei Abtrennungen und Ausscheidungen wirklich jemals modern gewesen sind.

Es ist sicherlich überflüssig, zur Erläuterung des Verwobenseins von Natur und Kultur auf die Sonnwendfeiern oder auf die Riten aus Anlass der Wintersolstitien, auf die Erwartung der befruchtenden zyklischen Überflutungen des Nils oder das lyrische Besingen des Auftauens von Seen und Flüssen zu verweisen, um zu begreifen, auf welch grundlegende Weise unsere gesamte Kultur – und insbesondere all jene Riten und Ereignisse, die im Jahresrhythmus wiederkehren – wie letztlich auch der Kulturbegriff selbst vom ständigen Ineinanderwirken des Natur-Kultur-Kontinuums in den unterschiedlichsten Zonen und Zeiten unseres Planeten abhängen. Das Erleben dessen, was wir heute in den abendländisch geprägten Kulturkreisen als Naturphänomene begreifen, ist in zyklisch wiederkehrende Feste eingebettet, in denen ein spezifisches Zusammenlebenswissen seinen Ausdruck findet, um schließlich in verdichteter Form in den Literaturen der Welt ästhetisch gestaltet und aufbewahrt zu werden. Natur ist im Sinne menschlichen Erlebens immer schon Kultur: als Gegenstand menschlicher Wahrnehmung – und weit mehr noch Aneignung – wie als anthropogen verstandene Landschaft mit all ihren Gefügen und Funktionen. Auf diese kulturellen Dimensionen hat Humboldt bei der Beschreibung des Valencia-Sees nicht von ungefähr hingewiesen.

ZusammenLebensWissen: eine Ökologie der Konvivenz

Die von Latour angestrebte *politische* Ökologie setzt auf eine Ausweitung ihres Blickfeldes wie ihres Handlungsbereichs insofern, als es dem Philosophen um »eine gemeinsame Welt« geht, um »einen *Kosmos* im Sinne der alten Griechen«[16] – und dies schließt neben dem politischen Ordnungsaspekt gerade auch die ästhetische Dimension mit ein. Damit aber ist die Frage des Zusammenlebens aufs Engste verbunden. So formuliert Latour auch in gedrängter Form seine Vision des künftigen Staates:

> Der Staat der politischen Ökologie ist erst noch zu erfinden, denn er beruht nicht mehr auf irgendeiner Trans-

16 Latour, *Das Parlament der Dinge*, S. 18.

zendenz, sondern auf der Qualität der Verlaufskontrolle des kollektiven Experiments. Von dieser Qualität, der Kunst zu regieren, ohne zu beherrschen, hängt die Zivilisation ab, die den Kriegszustand beenden kann.[17]

Diese »Kunst zu regieren, ohne zu beherrschen«, lässt sich als Ausdruck einer politischen Ökologie verstehen, die aus dem Zusammendenken von Natur, Kultur und Politik eine Kunst des Zusammenlebens und damit ein komplexes ZusammenLebensWissen zu entfalten sucht.

Man könnte hieraus die Schlussfolgerung ziehen, dass jedwede Reflexion über ein ZusammenLebensWissen die Bestimmung des Verhältnisses von Natur und Kultur voraussetzt. Konvivenz ist eben entscheidend mehr als (friedliche) Koexistenz. Gehen wir freilich mit Blick auf diese Verknüpfung auf Humboldt zurück, so scheint es geboten zu sein, von einer Ökologie der Konvivenz, von einer Ökologie des Zusammenlebens zu sprechen.

Nicht von ungefähr hat Humboldt in sein ökologisches Denken *avant la lettre* Ästhetik und Literatur als Grundbestandteile integriert. Die Literaturen der Welt zielen auf eine innovative Auseinandersetzung mit der Frage nach dem Verhältnis des Menschen zur ihn umgebenden Natur und fragen – in einem noch umfassenderen Sinne – nach den Möglichkeiten wie den Grenzen einer Kunst des Zusammenlebens. In ihrer polylogischen Strukturierung befragen sie immer wieder von neuem eine Kunst des Regierens, ohne zu beherrschen, und mehr noch eine Kunst der Konvivenz in Frieden und in Differenz.

17 Ebd., S. 306 f.

In Humboldts Überlegungen zu den »Anregungsmitteln zum Naturstudium« ist zu spüren, dass das Wissen der Literaturen der Welt ein *nachhaltiges* Wissen[18] ist. Dieses nachhaltige Wissen befindet sich in ständiger Bewegung und wird gerade dadurch konserviert, dass es durch ständige Transformationen lebendig erhalten wird. Das schlagende Herz der Literaturen der Welt ist aus dem Blickwinkel der Nachhaltigkeit die Intertextualität: Sie erst erlaubt es, Homers *Odyssee* ins Dublin des Iren James Joyce (1882–1941) und Scheherazade in die Welt der aus Algerien stammenden Schriftstellerin Assia Djebar (1936–2015) zu übersetzen. In *einem* Text bleibt stets die *Vielheit* anderer Texte dynamisch aufbewahrt. Kurz gefasst: Die Nachhaltigkeit der homerischen Welt oder jener von *Tausendundeiner Nacht* beruht auf ihrer Fähigkeit zu Transfer, Translation und Transformation, also zu ständiger Umgestaltung und Neuformierung. Nachhaltigkeit wird verstehbar als die dynamische, transformierende Veränderbarkeit eines Schreibens aus der Bewegung. Hierin liegt das Geheimnis jener anderen Ökologie, an der Humboldts Schreiben literarisch von seinen Anfängen bis zum Ende teilhat. Die Übersetzbarkeit, die Übertragbarkeit und die Form-, Umform- und Überformbarkeit der Literaturen der Welt sind die Garantinnen für eine Nachhaltigkeit, die nicht durch Ausplünderung erschöpft werden kann.

Die Aktualität Alexander von Humboldts und seines Schreibens aus der Bewegung, das die unterschiedlichsten

18 Zur Geschichte des Begriffs der Nachhaltigkeit vgl. Ulrich Grober, *Die Entdeckung der Nachhaltigkeit. Kulturgeschichte eines Begriffs*, München 2010.

Gegenstände aus sich stets veränderndem Blickwinkel fokussiert, steht außer Frage. In seiner am 29. März 2001 gehaltenen Antrittsvorlesung am *Collège de France* wählte Philippe Descola als Einstieg ein Zitat aus Humboldts *Relation historique*, um damit nicht nur seiner persönlichen Verbundenheit mit dem großen Amerika-Reisenden, sondern auch der engen Beziehung Ausdruck zu verleihen, die sich zwischen der wissenschaftlichen Arbeit des Verfassers der *Ansichten der Natur* und Descolas eigener Arbeit an dem für ihn geschaffenen Lehrstuhl, der »Chaire d'Anthropologie de la nature«, in der Tat herstellen lässt. Mochte die Bezeichnung dieses Lehrstuhls auch in vielen Ohren wie ein Oxymoron klingen, so erschien Humboldt doch als geeignet, in einem wissenschaftshistorischen und disziplinengeschichtlichen Rückblick jene intime Verknüpfung hervorzuheben, die als »Anthropologie der Natur« die Felder und Begrifflichkeiten von Natur und Kultur, die ansonsten so säuberlich voneinander getrennt zu werden pflegen, miteinander verbindet und verschmilzt. Und Descolas Beispiel war gut gewählt.

Denn in der Tat war der von Descola als Natur- *und* als Kulturwissenschaftler markierte Humboldt stets an derartigen Verbindungen und Verkettungen zwischen beiden »Polen« interessiert gewesen.

Ideen relational verbinden

Und das ist typisch für Humboldts Denken und Schreiben: Bereits 1793 hatte dessen Bruder Wilhelm von Humboldt (1767–1835) in einem Brief an Karl Gustav von Brinkmann

(1764–1847) seinem jüngeren Bruder eine besondere Gabe der Kombinatorik bescheinigt und ihn aus seiner Sicht als prädestiniert dafür bezeichnet, »Ideen zu verbinden, Ketten von Dingen zu erblicken, die Menschenalter hindurch, ohne ihn, unentdeckt geblieben wären«[19]. Alexander selbst hatte Jahrzehnte später die Rede von der Verkettung seinerseits auf eine Metaphorologie hin geöffnet, die uns heute gut vertraut ist:

> Was in einem engeren Gesichtskreise, in unserer Nähe, dem forschenden Geiste lange unerklärlich blieb, wird oft durch Beobachtungen aufgehellt, die auf einer Wanderung in die entlegensten Regionen angestellt worden sind. Pflanzen- und Tier-Gebilde, die lange isoliert erschienen, reihen sich durch neu entdeckte Mittelglieder oder durch Übergangsformen aneinander. Eine allgemeine Verkettung, nicht in einfacher linearer Richtung, sondern in netzartig verschlungenem Gewebe, nach höherer Ausbildung oder Verkümmerung gewisser Organe, nach vielseitigem Schwanken in der relativen Übermacht der Teile, stellt sich allmählich dem forschenden Natursinn dar.[20]

Die hier vorgenommene Verknüpfung der Metaphorik des Webens und damit des Textuellen mit einer Netzmetaphorik, die in dieser Passage auf eine Relationalität globalen Zuschnitts hinweist, macht zweifellos zum einen darauf

19 Wilhelm von Humboldt, *Briefe an Karl Gustav von Brinkmann*, hrsg. von Albert Leitzmann, Leipzig 1939, S. 60.

20 Alexander von Humboldt, *Kosmos. Entwurf einer physischen Weltbeschreibung*, 5 Bde, Stuttgart/Tübingen 1845–62, hier Bd. 1, S. 33.

aufmerksam, welch große Bedeutung der Praxis des Schreibens, des textuellen Webens, im Humboldt'schen Wissenschaftssystem zukommt. Denn der Naturforscher und Ethnograph, als die Descola ihn in einem Atemzug bezeichnete, tritt uns stets als ein Schriftsteller und damit als ein (reiseliterarischer) Autor entgegen, der nicht zuletzt auch die unterschiedlichsten Teile seines weit ausgreifenden Werkes zu einem einzigen Textgewebe zusammenzuführen verstand. Die von Humboldt geschaffene Wissenschaftssystematik ist die einer offenen, ja mehr noch: einer *lebendigen Relationalität*, die alle Teile des Planeten und die alle Teile des Wissens in eine sich ständig weiterentwickelnde Vielverbundenheit zu überführen sucht. Wilhelm hatte früh erkannt, wofür Alexander ein Leben lang stand. Und Alexander legte die transdisziplinären Wissenschaftsgrundlagen für das, was wir mit Fug und Recht ein ökologisches Denken nennen dürfen.

Die Leseanweisung, die Humboldt in der angeführten Passage seinem Lesepublikum vermittelt, ist folglich die einer offenen Relationalität, die freilich niemals auf einen Endzustand hin ausgerichtet ist, sondern immer in Bewegung auf ein Künftiges und nie Abzuschließendes gerichtet bleibt. Schreiben ist Einschreibung und Fortschreibung im verschlungenen Gewebe der Literaturen der Welt. Und all jenen, die sich jemals der Hoffnung hingegeben haben und hingeben, ein für alle Mal so etwas wie ›die Weltformel‹ gefunden oder ›den Code der Natur‹ geknackt zu haben, gibt Humboldt seine Sichtweise von Wissenschaft als unendlicher Geschichte, als niemals abzuschließender, sondern stets weiter zu verfolgender Tätigkeit mit:

> Durch den Glanz neuer Entdeckungen angeregt, mit Hoffnungen genährt, deren Täuschung oft spät erst eintritt, wähnt jedes Zeitalter dem Kulminationspunkte im Erkennen und Verstehen der Natur nahe gelangt zu sein. Ich bezweifle, dass bei ernstem Nachdenken ein solcher Glaube den Genuss der Gegenwart wahrhaft erhöhe. Belebender und der Idee von der großen Bestimmung unseres Geschlechtes angemessener ist die Überzeugung, dass der eroberte Besitz nur ein sehr unbeträchtlicher Teil von dem ist, was bei fortschreitender Tätigkeit und gemeinsamer Ausbildung die freie Menschheit in den kommenden Jahrhunderten erringen wird. Jedes Erforschte ist nur eine Stufe zu etwas Höherem in dem verhängnisvollen Laufe der Dinge.[21]

Humboldt neigte keineswegs zu der Ansicht, das *System Erde* in seiner Komplexität vollständig erkannt oder zumindest das Ineinanderwirken unterschiedlichster Kräfte verstanden zu haben. Er drückte sich wesentlich vorsichtiger aus und war eher stolz auf das, was er künftig zur Erhellung der Verhältnisse würde beitragen können. Dass sich die in den beiden bislang angeführten Zitaten von Humboldt verwendeten Begrifflichkeiten der Natur nicht auf einen vermeintlich klar umrissenen Naturbegriff beziehen, wie er sich – folgen wir den zu Beginn dieser Überlegungen vorgestellten Analysen Descolas – erst in der zweiten Hälfte des 19. Jahrhunderts in der Abtrennung der »Natur« von der »Kultur« und zugleich der »Naturwissenschaften« von den »Kulturwissenschaften« konstituieren

21 Humboldt, *Kosmos*, Bd. II, S. 398 f.

konnte[22], ist offenkundig. Denn Humboldt forschte *vor* jener Epochenschwelle, die zugleich auch die gesamte Humboldt'sche Wissenschaft auf den Trümmerhaufen der Geschichte verbannen zu können glaubte. Mit Bruno Latour ist es höchste Zeit, einer solchen Wissenschaftsauffassung die Frage zu stellen, ob sie wirklich jemals modern gewesen ist.

Denn die *Humboldtian Science* war zwar historisch entstanden, aber nicht historisch geworden: Sie war nur vorübergehend an ein Ende gekommen, lassen sich doch aus heutiger Perspektive in den unterschiedlichsten Disziplinen und Wissensbereichen in aller Deutlichkeit Entwicklungen ausmachen, die auf das Denken und die Epistemologie Humboldts zurückzugreifen suchen. Sein Denken ist in vielem gegenwärtig, was wir heute unter moderner Klimafolgenforschung kennen.

Um nicht missverstanden zu werden: Mit diesen Argumenten ist selbstverständlich keine Rückkehr zur Humboldt'schen Wissenschaft als solcher gemeint, wohl aber der Rückgriff auf eine Wissenschaftskonstellation, die sehr wohl im nicht nur wissenschaftsgeschichtlichen, sondern prospektiven Sinne neue Einsichten in das Zusammenwirken der Kräfte bietet. Gewiss: Es gilt, das Humboldt'sche Denken in die Zukunft zu übersetzen. Denn gerade weil es *vor* der großen Aufspaltung in die *Two Cultures*, wie dies der Brite C. P. Snow (1905–1980) nannte, liegt, kann es für eine Zeit *nach* der Dominanz einer solchen Erkenntnisform bzw. Episteme fruchtbar werden. Und diese Zeit ist jetzt.

22 Vgl. Descola, *Die Ökologie der Anderen*, S. 7.

Die Anregungskraft Humboldts ist auch bei Philippe Descola deutlich zu erkennen. Wenn er Humboldt neben vielem anderen als »le fondateur de la géographie entendue comme science de l'environnement«[23] und folglich als den Gründer der Geographie als Umweltwissenschaft bezeichnet und darauf aufmerksam macht, dass der Autor des *Kosmos* geologische oder botanische Phänomene ganz selbstverständlich mit historischen oder kulturellen Erscheinungen in Verbindung brachte, dann beschreibt Descola damit einen Grundzug der *Humboldtian Science*, der selbstverständlich auch und gerade für die Beschreibung der indigenen Völker an Orinoco oder Amazonas, in den Hochanden oder in Mexiko gilt. Humboldt habe gerade mit Blick auf die Migrationen von Pflanzen, Tieren und Menschen die Naturgeschichte niemals von der Menschheitsgeschichte und deren Auffassungen von der Natur getrennt[24].

Diese Untrennbarkeit einer Naturgeschichte des Menschen und einer Humangeschichte, ja einer Menschheitsgeschichte der Natur war im Denken Humboldts aber nur aus dem Grunde möglich, weil seine Wissenschaftskonzeption weit über das hinausging, was sie als bloße – und gewiss innovative – Wissenschaftskonzeption absteckte. Denn die Humboldt'sche Wissenschaft konnte in der Folge weiter und ausdifferenzierter sowie vor allem epistemologisch anspruchsvoller als ein Zukunftsmodell für künftige Übersetzungen ins 21. Jahrhundert definiert werden, bot diese »Wissenschaft als netzartig verschlungenes Gewebe«[25] doch

23 Philippe Descola, *Leçon inaugurale*, Paris 2020, S. 1.

24 Ebd.

25 Vgl. hierzu das Kapitel »Eine Wissenschaft als netzartig verschlungenes Gewebe« in: Ottmar Ette, *Weltbewußtsein. Alexan-*

einen ganzen Horizont an Möglichkeiten, neue und *bewegliche* Verbindungen und Kombinatoriken des Wissens zu entfalten, welche nicht allein zum damaligen Zeitpunkt, sondern auch in unserer Gegenwart und Zukunft neue Formen der Entwicklung eines relationalen *Weltbewusstseins* voranzutreiben erlaubten. Humboldts Sichtweisen, erst einmal in unsere Gegenwart übersetzt, erlauben es, die Welt auf oftmals überraschende Weise neu zu denken. Humboldts über jeden Nationalismus erhabene Mobile des Wissens lässt sich – trotz aller (teilweise noch bis heute nachwirkenden) Versuche in der zweiten Hälfte des 19. Jahrhunderts – nicht einfach stillstellen und mundtot machen.

Der relationale, unterschiedlichste Wissens- und Forschungsbereiche von Natur und Kultur miteinander vernetzende Denk- und Wissenschaftsstil des Preußen entfaltet bis hin zu seinem Hauptwerk, dem *Kosmos*, eine Kosmopolitik, welche eine *Politik der Natur* ins Werk zu setzen vermag, um das Zusammenleben der Menschen mit ihrer Umwelt aus einem Natur-Kultur-Zusammenhang heraus neu zu durchdenken und zu gestalten. Die Humboldt'sche Wissenschaft basiert auf der Bewegung aller Dinge auf unserem Planeten wie im Kosmos. Sie ist eine Bewegungs-Wissenschaft, in der das *Da-Sein* von Menschen, Tieren, Pflanzen oder Steinen stets als das Ergebnis von Migrationen, Wanderungen und Transporten verstanden wird und keiner räumlich territorialisierenden Statik untergeordnet ist. Alles ist unablässig in lebendiger Bewegung. Der ästhetisch konzipierte Schnitt durch den Südteil Amerikas, das *Naturge-*

der von Humboldt und das unvollendete Projekt einer anderen Moderne, Weilerswist 2002, S. 34–45.

mälde der Tropenländer, führt beispielhaft vor Augen, wie alles, von den Festlandsockeln bis zu den Vulkankegeln, von den Plantagen und den dort eingesetzten Tieren und versklavten Menschen bis zu den Pflanzen, welche die höchsten Höhen besiedeln, das Ergebnis ständiger Migrationen ist.

Zugleich ist die Humboldt'sche Wissenschaft vielsprachig. Bereits die *Amerikanischen Reisetagebücher* weisen neben dem Deutschen und dem Französischen eine Vielzahl unterschiedlicher Sprachen auf, deren jeweilige Blickwinkel Humboldt für seine polylogische Wissenschaft zu nutzen wusste. Er hatte verstanden, dass wir die Welt nicht aus dem Blickwinkel einer einzigen Sprache verstehen können. Dank der Vielzahl der in ihr zirkulierenden Sprachen, Medien, Disziplinen und Diskurse ist die Humboldt'sche Wissenschaft polylogisch: Literatur und Kunst zählen zu ihren integrativen Bestandteilen.

Eine Humangeschichte der Natur

Humboldts Erforschung der europäischen Expansion des 15. und 16. Jahrhunderts, die sich über mehrere Jahrzehnte erstreckte, fand ihren sicherlich umfangreichsten und historiographisch fundiertesten Ausdruck in seinem unabgeschlossen gebliebenen fünfbändigen *Examen critique de l'histoire de la géographie du Nouveau Continent et des progrès de l'astronomie nautique aux quinzième et seizième siècles.*[26] Dieses Werk war von Beginn an – wie es der etwas

26 Vgl. Alexander von Humboldt, *Kritische Untersuchung zur historischen Entwicklung der geographischen Kenntnisse von der Neuen*

umständlich anmutende Titel zu verstehen gibt – Natur und Kultur übergreifend angelegt. Wenn Humboldt in dieser außerordentlich präzise recherchierten Expansionsgeschichte, deren Kenntnisstand erst in der zweiten Hälfte des 20. Jahrhunderts wieder erreicht und übertroffen wurde, ebenso die geistesgeschichtlichen und literarischen, die wissenschaftsgeschichtlichen und philosophischen, die historiographischen und politischen, die sozialen und ökonomischen Voraussetzungen dieser Expansionsbewegung analysierte, so vergaß er darüber nicht die nicht weniger entscheidenden Aspekte der Meeresströmungen und der Astronomie, der Klimatologie und der nautischen Technologie sowie die unterschiedlichsten naturgeschichtlichen und naturräumlichen Faktoren, ohne deren Zusammendenken die erste Phase beschleunigter Globalisierung nicht angemessen darzustellen war.

Humboldt verdankte seinen historiographischen Untersuchungen nicht zuletzt auch die Einsicht, dass bereits

Welt und den Fortschritten der nautischen Astronomie im 15. und 16. Jahrhundert, mit dem geographischen und physischen Atlas der Äquinoktial-Gegenden des Neuen Kontinents Alexander von Humboldts sowie dem Unsichtbaren Atlas der von ihm untersuchten Kartenwerke, mit einem vollständigen Namen- und Sachregister, nach der Übers. aus dem Franz. von Julius Ludwig Ideler ediert und mit einem Nachw. versehen von Ottmar Ette, Frankfurt a. M. / Leipzig 2009; dazu: Alexander von Humboldt, *Geographischer und physischer Atlas der Äquinoktial-Gegenden des Neuen Kontinents. Unsichtbarer Atlas aller von Alexander von Humboldt in der Kritischen Untersuchung aufgeführten und analysierten Karten,* Frankfurt a. M. / Leipzig 2009. Beide Bände erschienen gemeinsam im Schuber unter dem Titel »Die Entdeckung der Neuen Welt«.

Christoph Columbus (1451–1506) Umweltveränderungen auf karibischen Inseln festgestellt hatte, die durch die Rodung ganzer Wälder für den Schiffbau ausgelöst worden waren. Es war für ihn wichtig festzustellen, dass bereits der genuesische Seemann Jahrhunderte vor ihm Phänomene wahrgenommen hatte, die er selbst durch seine eigenen Untersuchungen in der Karibik, in Südamerika oder Mexiko erforschte. Er verstand, dass nur durch eine sorgfältige Aufzeichnung und durch Messungen, wie er selbst sie am Valencia-See durchgeführt hatte, die ganze ›natürliche‹ Tragweite menschlicher Aktivitäten erkannt werden konnte. Humboldt erkannte das, was Descola zwei Jahrhunderte später als eine Humangeschichte der Natur bezeichnete, die eine Naturgeschichte des Menschen miteinschließt. Humboldt zeigte in seiner *Kritischen Untersuchung* auf, inwiefern die entstehenden transatlantischen Seemächte eine Politik der Natur in Gang setzten, die sehr rasch etwa durch die massive Verschleppung und barbarische Versklavung ganzer Völker an den Küsten Afrikas in bestialische Biopolitiken einmündete, die ihrerseits massive Rückwirkungen auf die Natur zeitigten.

In einem komplementären Sinne lassen sich Humboldts Überlegungen am Ausgang seines ebenfalls nicht abgeschlossenen großen Werkes über *Zentral-Asien* verstehen, wo es nicht um das ›kulturelle‹ Phänomen einer Expansionsgeschichte, sondern um die vermeintlich natürlichen Erscheinungen von Klimaveränderungen geht. Auf diesen wichtigen Seiten werden bei Humboldt erste Ansätze zu einer im vollen Wortsinne verstandenen Politik der Natur sichtbar, die zweifellos nicht weniger als Teil seiner Kosmopolitik zu verstehen wäre als seine umfangreichen Pläne für interozeanische Kanalbauten und Landdurchstiche, in denen er ganz der preußische Modernisierer und das Kind seiner Zeit war.

Man kann Humboldt gewiss den Vorwurf machen, sein ökologisches Denken *avant la lettre* nicht in einem kurzen, bündigen Text zusammengefasst zu haben. Man kann aber auch die andere Betrachtungsweise wählen und sagen, dass eben nur durch ein Verständnis seiner gesamten Konzeption einer notwendig zu entfaltenden transdisziplinären Wissenschaft eine Vorstellung davon entwickelt werden kann, auf welch unauflösliche Weise Natur und Kultur zusammengedacht werden müssen und wie sich die Humboldt'sche Idee einer Ökologie des Zusammenlebens auf diesem Planeten entwickeln kann. Ohne diese fundamentalen Grundlagen zu begreifen, ist Humboldts ökologisches Denken nicht zu verstehen.

Er hat es uns also nicht leicht gemacht. Um zu einem so frühen Zeitpunkt die grundlegenden Veränderungen im Spannungsfeld zwischen Mensch und Umwelt erfassen zu können, bedurfte es einer Einsicht in die komplexen, hochrückgekoppelten Multiparametersysteme, wie sie die Humboldt'sche Wissenschaft vorsah und ständig weiterentwickelte. Aus all diesen Einsichten erwuchs, verstreut über seine verschiedensten Werke, ein Verständnis von unserem Planeten als eines interdependenten Ökosystems. So dürfen wir im Zusammenhang mit seinen sich über Jahrzehnte entwickelnden Schriften von einem *System Erde* sprechen.

Hatte Humboldt aufmerksam und weitsichtig bereits die frühen Bemerkungen des Columbus kommentiert, durch den starken Holzeinschlag der Spanier für die Reparatur und den Bau von Schiffen habe sich der vormalige Wasserreichtum auf den Inseln der Karibik negativ verändert; hatte er in seinen *Amerikanischen Reisetagebüchern* klug auf all jene ökologischen Veränderungen aufmerksam gemacht, die etwa im heutigen Venezuela oder im Hochtal von Mexiko durch Kanalisierungen und Umleitungen von Wasser mit großflächigen Folgeerscheinungen unbeabsichtigt ausgelöst worden waren; so erkannte er Jahrzehnte später in *Asie Centrale* am Ausgang seiner umfangreichen klimatologischen Untersuchungen im Großraum Eurasien geradezu seismographisch jene grundlegenden Veränderungen und Konsequenzen eines möglichen Klimawandels, die in immer größerem Maßstab durch den Menschen ausgelöst worden waren.

Wer also das ökologische Denken Humboldts verstehen will, muss sich um ein Verständnis der Humboldt'schen Wissenschaft bemühen. Die vorliegende Ausgabe versucht, diesen Weg aufzuzeigen und zugänglich zu machen. Denn mit Hilfe seiner für die erste Hälfte des 19. Jahrhunderts höchst ausgefeilten Multiparametersysteme gelang es ihm auf beeindruckende Weise, Natur und Kultur am Beispiel des handelnden Menschen so zusammenzudenken, dass sich daraus eine Humangeschichte oder Menschheitsgeschichte der Natur ergeben konnte. Der Mensch steht bei Humboldt stets im Schnittpunkt eines Denkens, das Natur und Kultur miteinander vernetzt, in dem alles auf unserem Planeten mit allem in Beziehung tritt oder doch zumindest treten kann.

Auf diese Weise entsteht im innovativen Zusammendenken des preußischen Gelehrten ein Verständnis vom Leben auf unserem Planeten, das wir als eine Ökologie des Zusammenlebens bezeichnen können. Humboldt hat diese zutiefst politische Ökologie der Natur wie gesagt niemals explizit ausformuliert, sondern in den verschiedensten Bereichen seiner wissenschaftlichen Arbeit unterlegt: ebenso im Bereich der hydrographischen Systeme wie der vergleichenden Klimatologie, wo er mit Hilfe seiner Isothermen zum Wegbereiter für ein planetarisches Denken wurde. Lokale oder regionale Untersuchungen Humboldts aus der Gesamtheit seines wissenschaftlichen Tuns herauszulösen hieße, den Begriff des Wetters mit dem des Klimas zu verwechseln.

Denn wiederholt formulierte er in vielen seiner Werke wie etwa am Ausgang von *Asie Centrale* seine Hoffnung, durch seine weitgespannten Reisen zu anderen Kontinenten, Klimaten und Kulturen wie durch seine nachfolgenden Forschungen die komplexen Wirkungen sich überlagernder Faktoren wissenschaftlich aufgeklärt zu haben[27]. Sein bis heute unvollendetes Projekt einer anderen Moderne war selbst im Sinne der anspruchsvollen politischen Ökologie eines Bruno Latour im vollumfänglichen Sinne modern: Es zielte auf ein umfassendes Zusammenleben auf unserem Planeten.

27 Humboldt, *Asie Centrale*, Bd. III, S. 358 f.